噢！祈求神來確認、提升、鼓舞、
並啟發我們所有人的美好神聖關係。
My mission is to recognize.
Promote and inspire divine connection in all of us.

終極領導力是：能夠提升個人到更高的境界。
能夠提升個人績效到更高的標準。
能夠鍛鍊一個人的性格、勇氣，讓他超越原來的限制。
並恢復它與「造物者」──God 的真正關係。

很多人都聽過耶穌救贖上十字架的故事，但是，一定很多人沒有注意到，他真正
的領導力與執行力：他的 12 個門徒，都不是大有才幹的人，有魯莽的、有怯懦的、
有不貞的、有疑心病的、有貪財的……。
但是耶穌機智，都能帶領他們實踐使命。

影響地球上超過 12 億以上人口，多少傳教士，連生命都可以奉獻，這些不屈不
撓的史詩，都記錄在史上最暢銷的《聖經》裡。

這些都正改變許多人的生活、生命、生計，也包括我的「導師們」，
謝謝 642WWDB，
也謹以此書獻給「博恩・崔西」我最感激的教練之一。

兩條門路：你們要進到窄門去。
因為引到滅亡，即門是寬的。
那路是大的，那進去的人也多。
引到生命，那門是窄的。
那路是狹小的，那找著他的人也少。
窄門是什麼？
生命是什麼？什麼是道路？什麼是「真理」？
真理才會使人「自由」
所以：
「祈求，就給你們；尋求，就尋見；
叩門，就給你們開門。馬太福因」7：7

你願意嗎？

成功的「成功密碼戰」

Aaron Huang 是我所認識的亞洲人之中，績效最好的。

他和他的團隊總是能把我的活動辦得非常成功、無可挑剔。每個環節都安排得非常好，讓作為演講者的我覺得非常輕鬆、非常順利。

我能到亞洲向這麼多人分享我的經驗，全都歸功於 Aaron Huang 和他公司的大力協助。

在 2006 年我來台灣時，我的好友 Aaron Huang 替我籌備了完美的演講機會——「成功密碼戰」，我十分感謝他。

——成功策略學權威　博恩·崔西

我唯一的合作夥伴

Aaron Huang (黃禎祥) 與 Success Resources 是我在台灣唯一的合作夥伴。
Aaron 和他的團隊非常傑出、卓越、令人信賴。

他們是我唯一可以信任的企業家與組織，他們可以把每個細節安排妥當，讓我的每個課程、研討會、演講都非常精彩。

我要謝謝他們。

——行銷天王　傑·亞伯拉罕

使命第一，團隊第二，個人第三

WorldWide DreamBuilders 是由一群牧師、傳道人所成立的。

當初成立這個組織的使命，是為了建立一個堪稱為後世典範的組織。綜觀人類歷史，最會發展組織的，莫過於耶穌，從十二門徒到現今的規模。

身為傳道人，我們有責任、有義務、也有機會讓每一位與我們接觸的人，生命變得更加美好。

「改變」，意味著跨出舒適圈，對許多人來說，揮別過去的自己就和死亡無異。《聖經》上說：「制服己心，強如取城。」即改變自己比攻下一座城堡還難。而願意忍痛改變的人，就能翻轉命運。

Aaron Huang 是由 WorldWide DreamBuilders 團隊所帶出的華人學生，並在他生長的國家開始建立一個「使命第一，團隊第二，個人第三」的團隊。

我們相信，這個團隊會越來越好，並且讓每一位與他們接觸的人，生命得以提昇。

——「世界夢想建立者」代表人　Bill Gouldd

真正的教育家

真正的教育家不是我，而是我的好朋友。

這位好朋友投資自己的時間、資源和名聲來提升這個世界知識經濟水平。

這是一名成功創業家、一名偉大銷售員的表現。

我要在這裡真誠、公開地感謝我的好朋友 Aaron Huang。

——富爸爸集團董事長 布萊爾·辛格

一本震撼力十足的夢幻大軍建造寶典！

我的天啊！《博恩·崔西教你一年打造萬人團隊的秘密》的作品真的出現了！

引進國外大師來台演講的靈魂人物——成資國際黃禎祥總經理又再次向市場投出震撼彈。

他的教學及著作，原本就融合了管理學之父——彼得·杜拉克與其前輩——巴克敏斯特·富勒博士，還有各世界大師的智慧結晶，在結合他多年的實戰經驗，轉化成淺顯易懂的故事，因此其所出版作品，皆是商業智慧的結晶。

黃禎祥總經理說，希望能透過此本著作，令商管叢書不只是商管叢書，盼達到「啟發眾人」的境界。多年來從事工商時報〈經營知識版〉主編的經驗告訴我，這年頭經營管理的談法變了，從為企業賣命、學習企業經營之道；到為自己工作發聲、強調工作智慧；現在大家要的是趣味、是實用、是財富倍增。

基於這樣的轉變，於是將管理大師杜拉克、富勒博士與博恩·崔西融合在一起，這是一本兼具實戰智慧的夢幻大軍建造寶典。

——《時報文化》董事長 趙政岷

深讀、反思，必能重新得力

　　有幸先拜讀黃老師這本書，內心的澎湃不斷，生命的熱情再次被挑旺，理性的思維和感性的跳躍不停地交織著。這本書不僅提供了邁向成功的法則、方法和工具，更是生命影響生命的成功歷程。黃老師不斷在認識自己的過程中，知道自己想要的，找到方法，堅持嘗試，勇往直前，更重要的是把上帝邀進來，在自己生命的每一個步伐裡。黃老師擁有的不僅是美的生命，更是有一顆願意、真誠、無私的心，分享他所有的，只希望大家成功、更幸福，更能和他一樣，擁有上帝豐富的恩典。

　　本書值得你咀嚼、深讀、操作、反思，必能重新得力。

——師鐸獎、校長領導卓越獎得主　唐有毅博士

自己不改變，任何事都不會改變

　　從認識禎祥開始，看他人生從頂峰到低谷，再從低谷爬起到高峰，現在回歸神的懷抱，把一切榮耀交託給神，不再追求虛幻的名聲與財富。讓我想到自己以前沒有神的人生，總在羨慕別人的財富！羨慕別人有高樓大廈！羨慕嗎？101大樓！遠雄大樓！羨慕他們的生活？大家都羨慕他們！

　　但他們的壓力，焦慮比你大十倍！他們的痛苦是你的十倍！那是現在的你能承受的嗎？

　　這些企業老闆都是住台灣十大豪宅的富豪！自從「パン達人」事件之後，我失去名聲，失去財富！雖然從高山墜落深淵，但卻得到生命重生！家庭破鏡重圓！讓我體會到，比錢財更重要的是充滿愛美好的生活，而不是被金錢挾制的人生。

　　所以！千萬不要再羨慕別人！而是一切都只要向神交差，不是向人交差。

　　一般人都在自我習慣中摸索！在事業道路摸索！在人生道路摸索！在無邊的曠野中不停徘徊！

　　同樣的習慣！不可能產生不同的結果！要結果不同、生命就需要大大的改變！

　　跟禎祥認識這段日子裡，互為良師，教學相長，此次禎祥的新作，是可以讓你走出人生曠野的一本勝利指南。

　　成功人生不是金錢，是活出自己生命的意義，願神帶領各位早日到達心中的迦南地～Aman

——台北福氣教會　徐平（GOGO）長老

勇玩與憨勁

認識禎祥多年，禎祥幼年雖罹患小兒麻痺症，卻沒有因此困鎖自己：成長過程照樣和鄰人、同學打棒球，一樣追趕跑跳碰。這養成他不自卑、不自憐的特質；成年後的禎祥，挫敗對他來說，是常有的事，而他不自我設限的個性，多少跟童年時期「勇玩」有關。

看禎祥他個子不高，志氣卻很高。更在行銷領域上以勇敢的心——我們稱為「憨」——闖蕩行銷直銷圈，禎祥真的有這股憨勁，造就今日他與世界最頂尖的行銷大師，與之齊平交往的成就。

有一天，禎祥跟我說，他觀察了許久，確認杜拉克是大師中的大師，特別是杜拉克生活簡樸，奉行基督信仰精神，更十分之九奉獻，多做公益，是他效法的對象。

人若賺得全世界，而失卻了生命，又有何意義。人生的價值不就如同杜拉克，充分發揮恩賜，在專業領域被尊重，卻謙卑不忘感恩。

這幾年，禎祥戮力專研杜拉克的思想，以杜拉克為師，企望也能進一步幫助更多企業人，擁有大格局，做對事。

《博恩‧崔西教你一年打造萬人團隊的秘密》是禎祥新的開始，相信此後將會有更多著作，以生命影響生命造就，是閱聽者的福氣。

——財團法人橄欖文教基金會董事長　尹可名

掌握趨勢

　　我的工作通常是在星巴克喝著咖啡，用一台 Notebook，上網就可以讓客戶自動找上你，並且把產品賣出去帶來收入。

　　這是現在大家都羨慕的網路行業。但有時我們也會思考如何倍增財富的問題，畢竟多幾條可以創造被動收入的路，總是可以讓自己更有安全感，快點達成夢想！對於市面上的多種金融投資碰過，卻因為慘跌，就再也不敢碰了。而房產是我最感興趣的一塊，但我深知房產投資需要極具長遠眼光、遠見的人才有致勝機會。

　　近期我一直為團隊管理問題，四處尋找管理高手學習秘方，你千萬別以為我們透過網路創業的人只要靠一台電腦就搞定，實際上你所聽到的都是網路創業初期所發生的事，一旦你的營業規模擴大後，即將面臨的技術、客服可是會把你搞瘋。我就這樣過著幾年人事管理困擾的生活。

　　直到有天朋友邀請我去聽黃禎祥老師的講座，黃老師講的是如何透過趨勢、管理、財務槓桿讓你的事業變成一個自動化系統，最後透過房產不斷倍增你的財富，過著富足的人生。當下我聽到、也預見到我的未來，在兩個小時不到的時間，我就立刻被成交了！

　　上課的過程如你在本書所學習到的，所有的事情都是關於掌握趨勢。記得有次做「642WWDB」的團隊訓練時，對手投了一顆壞球過來，當時隊員每個都全力以赴，因為我們不想放過任何一個可以贏的機會。在我們回擊後，黃老師立刻吹起哨子，集合大家，他說：對方出的是壞球，你何必去接它！這讓我立刻想起了許多電視新聞上選舉的例子，也瞬間讓我聯想到團隊管理，甚至是面對商業競爭對手的出招該如何應對進退。

　　相信讀完這本書後，你不僅可以學到發展事業與團隊的技巧，還可以學到黃老師的人生智慧，如同我所領悟的一樣，收穫滿滿！

—— 642 Kingdom Builders Victor

探索而來的知識

很開心能幫禎祥寫推薦序。

自接任中華知識經濟協會理事長以來,我們協會陸續舉辦「小太陽生活營」、「綠色產業論壇」、「微電影知識講座」及各種知識性講座,努力為社會貢獻一己之力。

禎祥是我們中華知識經濟協會的理事之一,如果要論起把「知識」變成「經濟」的能力,那禎祥在這方面可說是極有經驗。

更難能可貴的是,禎祥一直在把自己的「知識」轉化成學生的「知識」,並協助學生把學到的「知識」轉化成學生自己的「經濟」。

我這輩子一直在追求、探索、收集「好」的知識,拒絕「不好」的知識,我把「好」的知識收集在中華知識經濟協會中,期許協會更加茁壯,培育更多優秀人才;禎祥也在做同樣的事,他一直強調:一定要跟對好的老師。跟到不好的老師,就會學錯東西,不如不學!

關於這點我們是不謀而合──「不好」的知識,真的是一種禍根。

管理講究實踐,而知識是探索而來的。禎祥的經驗豐富,從房地產銷售、投資、破產、歸零學習、代理連鎖生意、直銷、旅遊、教育訓練、演講,最後再回到房地產本行。

他不斷探索更新的領域、更高的層次,不斷用不同的眼光去看世界、也不斷實踐,這是很值得年輕人效法的。

禎祥的新書《博恩・崔西教你一年打造萬人團隊的秘密》是一本值得翻上十年的好書,理由在於本書所教授的方法與策略都是經過禎祥親身證實且有效的!

很高興能跟禎祥攜手,為提升台灣的知識經濟水平,一起打拼。

──中華知識經濟協會理事長 洪明洲 教授

出路、出路，出去走走就有路

認識禎祥也有段時間了，也合辦過不少講座。

我自己也有投資一些些房地產，不過要說到房地產真正的高手，還是要向禎祥多多請教。

我最佩服禎祥的，不是他在房地產方面的獨到見解，而是那種在逆境中依然堅忍不拔的堅毅精神，以及在高獲利、高風險的房地產領域中的情緒掌控。

禎祥不止一次提及，想把房地產與旅遊結合在一起，他說這是一種全新的生活形式，剛好與我已出版的著作《我心環遊世界》想表達的意境一致。

旅遊讓禎祥看到了「趨勢的時間差」，我也在旅遊中體悟甚多；如果你曾經造訪某個國家，你就很容易去關切那個國家的文化與近況。

「路可以走多遠，看你跟誰一起走！」

讓我們多多走出去，當個地球人吧！我鼓勵大家多去旅行，也多和見多識廣的前輩接觸，一定能提高各位讀者的境界！最好，能跟在大師身邊學習！

——台灣暢銷書作家　戴晨志

CONTENTS 目錄

Part 1 自我激勵， 向第一名學習
Success and Self-Motivation

CONTENTS
目錄

Part 2
創造優勢領域，
打造黃金團隊
The Magic of Team Building

Part 3
打造超強戰力，
業務與事業大躍升！
How to develop your career

Education,
is not a preparation for life;
Education is life itself！！

「教育是人類靈魂的教育，

而非理性知識的堆積。

教育的本質意味著，

一棵樹搖動另一棵樹，

一朵雲推動另一朵雲，

一個靈魂喚醒另一個靈魂。

真正的知識教育理應成為：

負載人類終極開懷的、

有信仰的、有分析判斷力的教育，

它的使命是給予，並塑造學生的終極價值，

使他們成為有靈魂，得智慧，

可以清楚是非黑白、

嚴以律己，寬以待人，

並且，有信仰的人，

而不只是具有專長的準職業者。」

WorldWide DreamBuilders……

是用生命影響生命，用靈魂影響靈魂

是我的美國 642 導師真正想要傳遞的。

不是只有錢、名車、豪宅……

不是用「拿取」來衡量價值、成就，

這些是「做到」、「做好」事後上帝祝福來的贈品。

謝謝您們。感識讚美主。禎祥禎言堂。

1 自我激勵，
向第一名學習

Success and
Self-Motivation

Brian Tracy
博恩・崔西
語 錄

Confidence is a habit that can be developed by acting as if you
already had the confidence you desire to have.

只要裝得你很有你想要的信心，就能培養出自信。

Success is goals, and all else is commentary.

成功等於目標，其他都是這句話的注解。

誰是「博恩‧崔西」？

Who is Brian Tracy

Brian Tracy

博恩‧崔西

出生：1944 年
現任：博恩‧崔西國際諮詢培訓公司董事長
學歷：文學學士、工商管理碩士
經歷：曾是伐木工人、漁工、沿街推銷肥皂的業務員，後來
　　　憑著不斷努力學習成為超級業務員
家庭：育有四名孩子，目前與家人定居美國聖地牙哥

國際知名演說家博恩‧崔西出生貧困，曾是中輟生，年輕時幾乎做過所有勞力工作，從洗盤子、擦地板、掘井到鋸木等。今天，博恩‧崔西站在演講台上，向全球企業家傳授成功方程式，成為全球四百萬人追隨的心靈導師，前半生的坎坷，是換取後半生財富和成功的密碼。博恩‧崔西的人生路，就是一場實踐自身學說的成功案例。

是誰有魅力讓微軟的比爾‧蓋茲、巴菲特、戴爾電腦創辦人麥可‧戴爾及二十世紀最偉大 CEO 前奇異總裁威爾許，都坐在台下乖乖聽講？是誰曾在全球四分之一的國家舉辦演講，擁有超過四百萬名學生？美國成功學大師博恩‧崔西做到了。若以聽講人數來算，他是全球最多人聆聽的演說家，也是全球超級業務員「膜拜」的對象。他影響的財富，可能超過兆元台幣。

這位讓全球五百大企業折服的「成功傳教家」，他的人生道路，並非從一開始就平坦順遂的，他原來也是個高中都沒畢業的輟學生。

輟學後四處打工的日子

　　來自美國聖地牙哥的博恩·崔西，出生窮困，由於其父母一直沒有固定的工作，所以他的成長過程中，常常要面對物資匱乏、三餐不濟的窘境。由於家境貧困，高中沒畢業就輟學，礙於學識有限，也只能做一些勞力工作。

　　博恩·崔西的第一份工作是在一家小飯館裡洗盤子，每天下午四點上班，常常工作到翌日凌晨。換掉洗盤子工作以後，他到一座停車場去替人洗車，接著又換到清潔管理公司，常常洗地板洗到深更半夜。當時他心裡忍不住在想，「可能我一輩子都會一直在洗東西吧？」

　　此後幾年，博恩·崔西居無定所，到處打工，到鋸木廠和工地工作，每天連續工作十二個小時，忍受高溫、塵埃和機油等汙穢不堪的工作環境。後來，他甚至連這些勞力工作也找不到，便開始從事直銷工作，挨家挨戶上門推銷產品。

觀察成功業務員經驗

　　三十歲時，博恩·崔西忍不住質疑：「為什麼我那麼努力，卻還是住在廉價的公寓，何時才能開名車、住豪宅？」於是他開始思考成功的方法，後來他透過觀察同一家公司的頂尖業務高手，學習他們拜訪客戶以及時間管理的方法。不久後他的業績果然有所增進，很快便賺到數倍的收入。回首人生路，博恩·崔西說：「當時我得到的答案是，所有成功的經歷都有規律可循。」

　　「學習成功人士的工作方式，你也可以取得同樣的成就。」博恩·崔西相信命運是掌握在自己手中，要怎麼收穫，就先要怎麼

栽。「假如你勤勉工作，意志堅定，你就會得到相對等的尊重和肯定。」

博恩·崔西的成功哲學，就是他一生經歷的實踐。他說：「無論是演說或寫作內容，我都以自己的故事為藍本，我想要告訴大家：『成功是一步步腳踏實地走出來的。』」以自己的經歷現身說法，是成功哲學的最佳見證，使博恩·崔西散發著一股傳教士般的群眾魅力。

博恩·崔西曾是成功的超級業務員，為很多老闆賺進億萬財富。後來他選擇轉換人生跑道，成為講師及作家，和更多人分享經驗，讓更多人致富。他說：「與其獨善其身，不如與更多人分享成功之道。」

影響百萬人的財富磁場

「每個人的目標是實現他們的潛能，並把潛能發揮到淋漓盡致。」在每一場講座上，座無虛席的觀眾專注聆聽博恩·崔西傳授成功之道，就像一個財富磁場，吸引許多渴望創造成功的人們群聚在一起。博恩·崔西觸動人心的每一句話，彷彿是一個智慧喚醒另一個智慧，開啟聽者頭腦的一塊敲門磚。

他相信，每個人的想法會對身邊的人創造一股心理能量的磁場。「當你對自己及產品服務有正面而樂觀的評價時，就會散播一種積極的心理能量，接著得到業績領先、受人推崇及創造銷售機會等連鎖反應。」

博恩·崔西有著超乎尋常的能力，能夠從自身經歷裡提煉出成功的方程式，並且用簡明清晰的言語與其他人分享，從此改變了許多人的生命。微軟總裁比爾·蓋茲說，博恩·崔西不僅教會了他如何銷售，更教會了他如何去思考；奇異（GE）前執行長傑克·威爾許也認為，在銷售這個領域中，還沒見過像博恩·崔西那般豐富的思想。

談到和這些世界上最富有的人打交道，博恩·崔西得到的經驗是，「這些有錢的人能夠常保一顆誠摯的心，待人處世有誠信、溫和有禮，因此吸引了一大群人在背後支持他們，使他們得以成功。」他深信，能夠成功的人，在性格上必有其不凡及值得學習的地方。

向博恩‧崔西學習成功的準備

① 閱讀：腦力與專注力的訓練

平日賦閒在家，博恩‧崔西最喜歡做的事情是閱讀，從他的著作處處引經據典，其博覽群書的特質可見一斑。除了成為講師和顧問，寫作是他最重要的工作。他目前已出版近四十本暢銷著作。

四十年來，博恩‧崔西每天至少閱讀三小時，即使忙碌的上班日或節慶，也從不間斷。他堅持說：「很多人以為，唯有假日才有時間好好閱讀，所以就把閱讀時間往後挪到較有空閒的假日。我認為這種想法行不通，很可能到假日又因要做別的事而作罷，還是蹉跎了時間。閱讀必須持之以恆，隨時進行。」

博恩‧崔西強調，「閱讀需要高度專注及投入，是一種極佳的腦部訓練，能讓人隨時處於清醒的狀況。」他甚至認為，常常閱讀的人，一定會比不閱讀的人更加成功。

博恩‧崔西的閱讀類別廣而多元，包括管理學、心理學、經濟學、宗教學、歷史等領域，於是他的演講和著作有著強烈的個人風格，信手拈來都是有趣生動的故事及案例，能夠深入淺出表達一些實用的概念。

博恩‧崔西說：「成功和失敗者的差異在於，前者堅持到底，後者不斷放棄。」博恩‧崔西對讀書的堅持，不僅體現於定時閱讀的習慣上，也落實於他對學識的追求。高中沒畢業的他，後來不只完成了大學教育，還念了研究所。

② 時間管理：別讓小事纏身

博恩‧崔西認為，時間管理首先就是要做到「抗拒先做小事的誘惑」，把時間花在投資報酬率最高的工作。而一旦開始做，就要專心致志，沒有 100% 全部完成絕不停止。如果中間停下來好幾次，然後又重新開始，會使完成工作的時間多出五倍之多，

因為每次都要重新「暖身」。

時間管理就是用技巧、技術和工具幫助人們完成工作，實現目標。時間管理並不是要把所有事情做完，而是更有效率地運用時間。時間管理的目的除了要決定你該做些什麼事情之外，另一個很重要的目的也是決定什麼事情不應該做；時間管理不是完全的掌控，而是降低變動性。

他認為時間管理的重點不在於在一段固定的時間內做更多的事，而在於如何在一段固定的時間內，讓你所做的事變得更有意義。所以我們要分清輕重緩急。要理解急事不等於重要的事情。每天除了辦又急又重要的事情外，一定要注意不要讓自己成為急事的奴隸。

花時間分析工作，理出優先順序或困難所在，然後，一定先做最優先重要的事。所以，寫下最花費自己時間的事，如：上網、打電話、看 email、無目標的聊天……等，確定這些是偷竊時間的元凶，然後把這份清單常常拿出來自我提醒，並且除去。

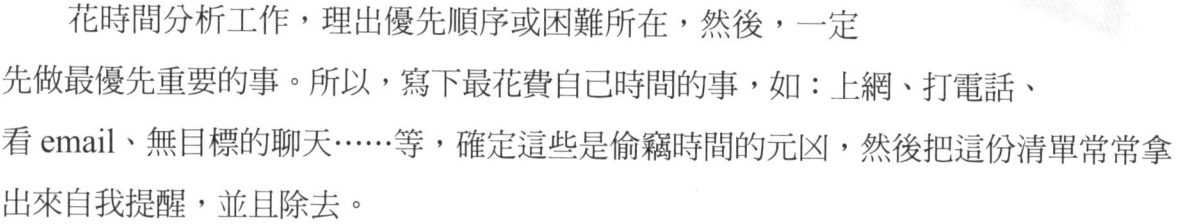

③ 旅行與爬山：意志的鍛鍊

除了閱讀，博恩・崔西也喜歡爬山。他說：「藉由不斷攀山越嶺，我可以把意志力磨練得更堅強。」這項愛好其實是延伸自他對旅行的喜愛。

「我最大的心願是到全世界一百個國家去旅行，如今目標已相當接近。」目前，他的足跡已遍布五大洲的九十二個國家，並在其中四十三個國家安排過演講行程。

二十歲開始，博恩・崔西便到處旅行。年少輕狂的博恩・崔西曾與二位好友，以三百美元橫越三大洲、四大洋，走過一萬七千英里。提起旅行經驗，他沉浸在回憶中，娓娓道來：「這一趟旅程，從倫敦起程，以陸路的方式展開行程，途經捷克、土耳其、伊朗、巴基斯坦、印度，到達東南亞的曼谷、馬來西亞、新加坡、緬甸等十六國，等於環繞世界一周，再回到美國。」其中險惡的撒哈拉（Sahara）沙漠，讓博恩・崔西吃盡苦頭，艱難困頓的經歷和體驗，正是日後造就堅毅勇敢的博恩・崔西之

搖籃。

「每個人都必須橫越自己的撒哈拉沙漠。」對博恩‧崔西而言，旅行是一種生活的修鍊。他強調，「在旅程中，旅者會遭逢難以預期的困難與阻礙，如果訂好目標，就不會半途而廢，反而會勇往直前，排除萬難，直到抵達目的地。」

這麼說，旅行、爬山和閱讀，乃至其前半生的坎坷際遇，一切的一切，原來都是為了成功所做的必要準備。

每個人都必須
橫越自己的
撒哈拉沙漠。

我是誰？
Aaron 黃禎祥

我 常在想，台灣現有的教育訓練系統真的適合每一個人嗎？我是一個在屏東長大的貧戶小孩，沒學歷背景，人生在美國、香港、新加坡走一遭，最後選擇落葉歸根，對於寶島，我有一個心願：在本土建立一所另類的學校，從幼稚園一路栽培到大學，貫徹彼得杜拉克的企管精神，打造台灣未來的商業菁英人才，我總是對我的團隊、夥伴說：這將是我人生下半場最後一戰！為神得勝、為贏得靈魂征戰！

峰迴路轉的人生

在我 25 歲時，創下於 6 個月內成為當時房地產公司最年輕的銷售主管以及第一名的銷售員。27 歲被號稱「沒有 Aaron 賣不掉的房子」創下一週四億營業額的紀錄，被當時《Money》雜誌喻為最有身價的單身貴族之一。從此事業一路順遂，卻在 35 歲那年，慘遭滑鐵盧，投資失利導致公司負債數億，將近 11 年的積蓄全數賠光，個人負債千萬以上。

在絕望之際，我萌生了自殺的念頭，想快速結束自己的生命，為了讓自己走得了無遺憾，於是我開始計畫到自己最嚮往的舊金山金門大橋上結束這失敗的生命。

但是到美國需要兩萬多元的機票費用，對於當時的我來說是一大筆錢。正發愁的時候，恰巧遠房的阿姨正準備找人幫她經營多層次行銷的生意，她聽聞我在房地產生意這方面經營得很成功，於是想到或許可以找我合作。和那位阿姨見面之後，當時阿姨看

這將是我人生下半場最後一戰！
為神得勝、為贏得靈魂征戰！

到我瘦得不到 40 公斤，相當不忍心，這才知道我的事業出了問題，而主動提出要協助我。

當時我心裡暗自計畫，如果跟阿姨借兩萬元，自己就可以到美國舊金山去畫下人生的句點，於是我跟阿姨說在開始幫忙之前我想先到美國散散心，巧的是，阿姨正好想讓我去美國幫她帶一些維他命回台灣，順便幫她去上課做筆記，回來再教她，就這樣我順利地到了舊金山的金門大橋。

金門大橋前的抉擇

「金門大橋的美令人無比感動。但是，卻無法動搖我的決心。」眼前的美景令我讚嘆不已，但是一想到死了就可以一了百了，長痛不如短痛，始終抱持著自殺的念頭的我爬上橋，準備縱身一跳，就在這個時候，心中突然有個聲音對我說：「走過去！走過去！」雖然不清楚聲音是打哪裡來，於是我聽從內心的聲音走到了橋的另一端，當我走到橋的另一頭的時候，發生了一件事，讓我有了繼續走下去的勇氣。

我在那裡看到一名老婦人帶著兩個小女孩，拎著大箱的行李要過馬路，於是我主動去幫助了她，她用一種感激的眼神看著我，彷彿在我心中按下一個按鈕，當我一無所

有的時候，竟然還可以幫助別人。一個簡單的舉動，讓我感受到幫助別人是多麼快樂的事，但同時我也非常感慨，為什麼過去自己賺那麼多錢卻從來沒有認真幫助過別人、回饋社會，沒想到在我有所體會的時候卻已到了人生的盡頭。

我一個人坐在橋畔看著夕陽西下，從小到大的記憶如同電影一樣一幕幕在眼前，我看到自己過去一直覺得是別人對不起自己，但是，事實上是自己運氣不好，所以失敗了。就這樣一幕幕地反省著自己，而最後一幕竟停留在阿姨的臉上，我猛然一想，如果阿姨知道她借我的錢居然是在幫助我自殺，她豈不是會很內疚嗎？難道我自己死了還要連累別人嗎？念頭一轉，我當下決定忠於阿姨的託付把她交辦的事完成。

首先，我先去阿姨的朋友那裡拿維他命，阿姨的朋友見我悶悶不樂，順手贊助我一點錢，安排我去迪士尼樂園散散心。於是我跟了旅行團一起去迪士尼一日遊，同行的人大多是外國人，只有我和另一位小姐是華人，那位小姐來自香港，而且看起來也是愁容滿面，後來才知道原來我們兩個同是天涯淪落人，她也失業了，難怪悶悶不樂，我們兩人聊天時我隨口說，以後說不定可以介紹阿姨的工作給她，讓她這個無業遊民也有工作做。

才負債兩千萬，
並不是世界末日

阿姨對我的另一個託付是去上課整理一套系統筆記，我去上課的那位美國老師，當時的月收入保守估計有兩百萬美金（相當於七千萬台幣）。當我驚訝於別人的月收入，再看看自己不過才負債兩千萬，就想要自殺實在是太不值得。

於是我開始認真地研究老師如何從一名退休的公務人員變成一個月薪千萬的企業家領袖。後來，我發現成功只有兩個方法：一個是「用自己的方法」，而我自己已繳了不少「學費」；另一個是「已經被證明成功有效的方法」，上完課程我大開眼界，我設定目標，並努力地向各領域的典範及權威學習。

找到方向後，我想到那位在迪士尼認識的失業朋友，於是帶著阿姨到香港找她，

到了香港才知道，原來她是香港赤鱲角機場的包商，有錢得不得了，後來她才跟我解釋，她當時並非有意欺騙，只是有太多人是為了好處才接近她，所以才出此下策，沒想到居然有人願意在她看起來一無所有的時候幫助她，她告訴我說，如果以後我在香港有什麼需要都可以找她。

意外的貴人

因此，有這位貴人的幫忙與提攜，我在香港發跡，開始發展業務工作，過程中很奇妙地遇到很多基督徒，一路上接受了他們不少的幫助。最後，在香港也有了亮眼的成績，全港有百分之七十的藥劑師和營養師都和我有生意往來。

在香港順利發展之後，人脈也擴展到了馬來西亞、泰國和新加坡。有一回我受邀到新加坡演講，沒想到第一場的演講只有十二個人，後來才知道，主辦單位是在測試我這個台灣人的實力如何，不過第一場的反應相當熱烈，於是他們一百人、三百人、五百人……後來一場場地辦了下去。

在當時，我的月收入已經達到了十萬台幣以上，但是，距離能清償在台灣的債務還有一段距離，所以無法在台灣發展。於是，我向耶穌禱告：「耶穌！如果你要我有所做為，可不可以給我一個明確的方向？如果新加坡是你要我去的地方，你可以給我平安和順利嗎？」

於是我把一切交託給神，毅然決然地去新加坡發展，很奇妙地有一位學生接待我到他家住，由於他們一家都是「虔誠的基督徒」，本來「不太乖」的我，也開始跟著他們去「做禮拜」，後來上教會和禱告的時間多了，工作的時間卻少了，但神奇的是，生活卻是越來越優渥，後來我住的地方有游泳池、專屬傭人，時間到了去演講就有收入進帳。擁有藍寶堅尼跑車、住全世界最豪華的飯店、搭私人飛機旅遊、與億萬富翁為友、搭最頂級的遊輪渡假……等等夢想都一一地成真了。

當我坐在 MGM 老闆最豪華的私人飛機上，遨遊在天際，我心想，當年那個 35 歲、

一貧如洗的男人去哪裡了？如果當年沒選擇向世界的大師學習、沒有回歸到單純的「信仰」，自己生命不會改變。但是，難道過著這種安逸的生活，我就滿足了嗎？這個問題在我心中留下一個大大的問號。

後來我身邊的朋友們接連不斷地向我拋出疑問：「你真的滿足了嗎？你難道不想做點特別的事嗎？現在的你空有一身好武功，卻是留在新加坡享福、殺時間，何不回去台灣施展一下呢？」

有一次趨勢公關的總經理蔡大哥，也來新加坡上課，他問我：「現在台灣的氣氛低迷，那麼多人得憂鬱症……為什麼沒有人願意把大師的課程帶到台灣呢？」經過這接二連三的刺激，讓我開始向「耶穌」尋求，求祂再一次帶領自己。

只做榮神益人的事

有一天，新加坡成資集團新智國際股份有限公司的老闆 Richard 陳寶春，他向我提到，台北有一個辦事處，想請我去 Take care 一下。

陳寶春是華人訓練界的大貴人，他都開口了，我哪敢推辭。於是，我回到了台灣，接管台北辦事處，經營的業務包括行銷、企管、潛能開發並且引進世界級的大師演講，舉辦許多企業顧問及管理的訓練課程，例如帶回在新加坡熱火的「窮爸爸、富爸爸」熱潮、銷售權威湯姆‧霍普金斯、潛能激勵權威安東尼‧羅賓、博恩‧崔西以及吉姆‧羅恩等大師級講師。

接著 Richard 希望我能打開華人的市場公司的知名度。雖然自己喜歡接受「挑戰」，但是，對我而言，更重要的是榮耀神、能夠幫助人、而且自己對這件事有熱情，並且自己願意去做。

而 2006 年 2 月 28 日在台大巨蛋舉行的博恩‧崔西「成功密碼戰」正符合了我的價值觀，博恩‧崔西是一位敬虔的基督徒，他成功原則來自於《聖經》，我從他的身上看到他對於榮神益人這件事上，富滿熱情。

你本身就是奇蹟！就是傳奇！

　　一場講座規模可以是百人、也可以到千人，而這次要挑戰的是一場五千人的聚會，對我而言，數字代表著「影響力」，這場講座的遠景，我看到的是五千個人的知識經濟被提升，當他們回到工作職場的時候，他們可以帶動台灣整體的學習風氣，為台灣帶來活力和希望。

　　人生的經歷有時山窮水盡疑無路，但是，我卻在「信仰」的帶領下經歷柳暗花明又一村的奇妙。走過高峰低谷，讓我看到人生的動力和目的不是在於擁有多少財富，而是在於認識「榮神益人」才是內心源源不的驅使動力，與永恒的心靈財富。請相信，不要忘記期待奇蹟，你本身就是奇蹟、就是傳奇，此刻我們把火把傳到你的手中，你會是一個散發亮光的人，全心全意去愛、去成長，去貢獻。

夢想與勇氣

　　要知道人的一生還很長，「起跑點」的定義究竟是什麼？跌倒時候，究竟會選擇再站起來還是就此棄權呢？如果選擇了棄權，人生從此完蛋，選擇站起來卻需要莫大的勇氣，但勇氣能讓我們跨越人生的每一個障礙，最後以漂亮的姿態邁向終點。

　　勇氣來自於相信自己的夢想，因為相信自己一定能做到，勇氣自然而然地就產生了。天生樂觀的人遠比那些悲觀的人還來得幸福，因為他們從來沒有懷疑過自己做不到！

　　邁開大步吧！不用害怕跌倒，夢想與勇氣會帶著我們飛翔！

為什麼要建立「萬人團隊」？

你 的「偉大航道」是什麼？你的使命是什麼？
——這是值得深思的問題！

✳ **王品集團的使命是**：以卓越的經營團隊，提供顧客最優質的餐飲文化體驗，善盡企業公民的責任。

✳ **優衣庫的使命是**：以合宜價格，為每個人提供適合於任何時候及場合穿著的時尚、高品質的基本休閒服裝。

✳ **台積電的使命是**：成為全球最先進及最大的專業積體電路技術及製造服務業者，並且與我們無晶圓廠設計公司及整合元件製造商的客戶群共同組成半導體產業中堅強的競爭團隊。

✳ **可口可樂的使命是**：讓全球人們的身體、思想及精神更加怡神暢快；讓我們的品牌與行動不斷激發人們保持樂觀向上；讓我們所觸及的一切更具價值。

✳ **成資國際的使命**：協助各個產業、各個領域創造更多優質的典範，提升華人知識經濟。協助尋找自己最擅長的領域並發揮所長。成為世界的良心、黑暗的光。

這些全都是卓越企業的使命，而你可能會好奇企業的使命和一年建立一萬人的團隊有什麼關係？

「使命」、「目的」，就是：為什麼要成立這個團隊、這家企業？這家企業、這個團隊要有什麼貢獻？要創造什麼樣的顧客？

把「企業」換成「你」，就變成「你的使命」。

由於團隊所能服務的人數，比個人多很多。你

服務的人越多，你的財富越多。

只要你比照企業、團隊規模的使命，創造出屬於自己的使命，你的生命就會完全不一樣。

你的生命要有目標、有信念、有靈魂、有熱情──只要你有使命。

在你心中種下一顆種子，讓你對生命有熱情、有動力，而不只是每天單純地起床、上班、吃飯、下班或加班、睡覺，日復一日。

要讓你的生命變得更好玩、更酷、更牛逼，更有實用價值，「你未來的事業」是什麼？這要由你自己找出答案。

> 你的使命是什麼？賺多少錢，你會快樂……
> 為什麼你會寫出這樣的使命？

如果你不習慣問自己「為什麼」、「目的為何」，在你一開始這麼問自己時，你會很辛苦、很挫折，也有恐懼。

要讓一般人都能理解你，想想你要平凡到什麼程度？

人都需要朋友，但你在尋找真正的自我的道路上，可能只有你能前往，也只有你自己有答案。 你的父母可能是最疼你的人，你的朋友可能是最挺你的人，但只有你自

己能找到答案——只屬於你的答案。真誠、誠實、勇敢面對你內心真實的感受吧。

面對自己要誠實。

所以，要不斷問：

★ 為什麼？

★ 為什麼？

★ 為什麼？

在問「如何賺大錢」之前，你要想「為什麼要賺大錢」？

在問如何一年建立萬人團隊之前，要問為什麼要一年建立萬人團隊？

所以現在，請你再思考一次！

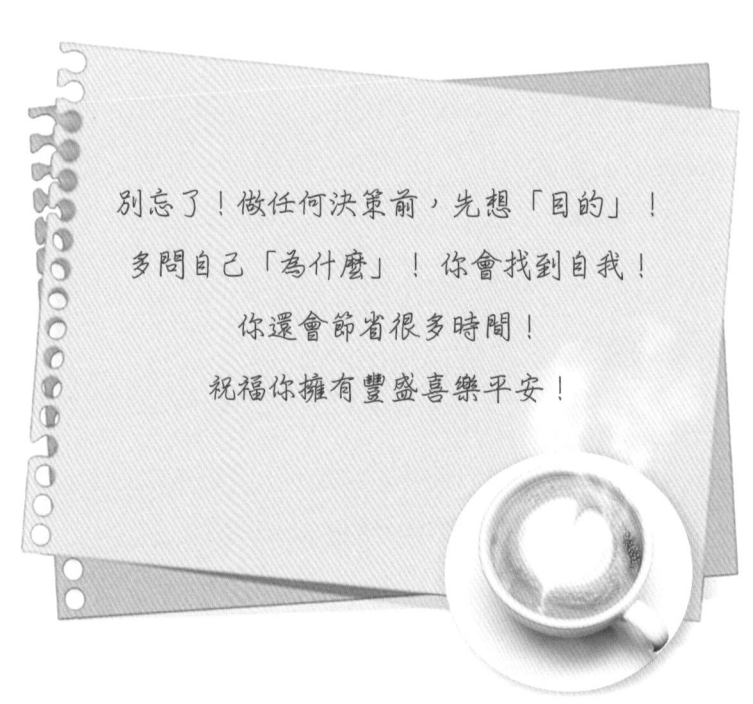

別忘了！做任何決策前，先想「目的」！
多問自己「為什麼」！你會找到自我！
你還會節省很多時間！
祝福你擁有豐盛喜樂平安！

2 創造優勢領域，打造黃金團隊

The Magic of Team Building

Brian Tracy

博恩・崔西

語 錄

Your life only gets better when you get better.

當你把自己變得更好，你的生活才會變得更好。

Leaders think and talk about the solutions. Followers think and talk about the problems.

領袖們想的、說的都是解決問題的出路。隨從們想的、說的都是問題。

尋找自己最擅長的領域並發揮所長

　　台灣有一個小小動物園,裡頭住著各式各樣的小動物。

　　黃小鴨喜歡游泳,牠沒事就喜歡泡在水裡嬉戲。

　　小羚羊喜歡追趕跑跳碰,牠每天都會跑得滿身大汗,累了就呼呼大睡。

　　小老鷹喜歡飛行,雖然還不能飛得很流暢,但是牠卻很喜歡這種生活方式。

　　小猴子喜歡爬樹,牠最喜歡在樹上盪來盪去,摘樹上的果實吃。就算不小心摔到樹下,還是摸摸屁股繼續盪。

　　牠們各有各的專長和興趣,不但彼此沒有競爭,而且生活得很快樂。

　　有一天,小小動物園的園長希望從小動物中選出最「優秀」的第一名,並宣稱這名被選上的小動物,將獲頒「金牌」。

　　小動物們都很興奮,一個個蓄勢待發、摩拳擦掌。牠們都希望自己被選為最優秀的動物,並且獲得園長所說的「金牌」。 隨後,小小動物園園長公布評選的方式:

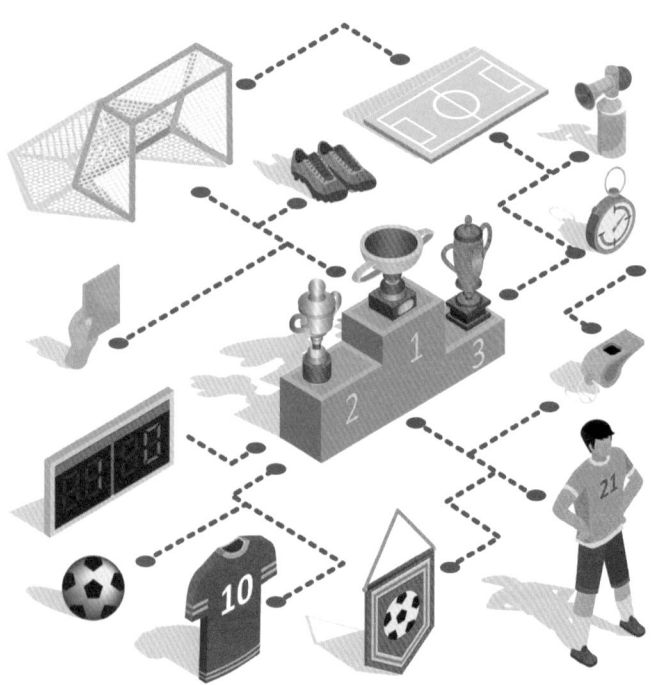

　　★ 考試的項目為:爬樹、跑步、游泳。

　　★ 爬樹、跑步、游泳各有各的分數。

　　★ 誰總分最高,誰就是最優秀的小動物。

　　小動物們聽到考試項目,都覺得自己將會是最厲害的一員:牠們認為自己都擅長某一部分,而那份專長將讓牠們獲得勝利。

　　考試開始了。無論是哪一科考試項目,小動物們都卯足全力,努力爭取最優秀的成績。

　　考試結束了,小動物們都覺得自己竭盡全力,個個都認為自己很有希望成

為最優秀的那一個。

沒多久，成績公布了。你覺得小動物的表現如何呢？

黃小鴨的游泳分數最高。但是在跑步時，牠就發現自己的腳不適合做這件事。其他動物都跑得很順暢，尤其是小羚羊，黃小鴨很緊張，又很氣餒，只能在後面拚命地追趕。

最後，黃小鴨的跑步分數不但是最低的，爬樹分數更是掛蛋，因為牠根本不會爬樹。更糟糕的是，個性認真的黃小鴨拿牠的腳做了不該做的事，腳丫子都被土壤和石塊磨破了。

小羚羊認為自己是跑得最快的，而且牠游泳、爬樹都會一點點，所以牠認為自己的總分應該是最高的。

但是當小羚羊用盡全力奔跑時，卻發現老鷹早就在終點梳理羽毛。於是，單純的小羚羊非常崇拜小老鷹，不斷用閃閃發光的眼神看著牠。

小老鷹不太會游泳，但無論是爬樹還是跑步，牠都是最快最強的。牠只要翅膀一張，「咻！」地就飛到樹頂、飛到終點。個性奔放、不受拘束的小老鷹對自己的表現充滿信心……

小猴子的爬樹分數最高，而且牠手腳靈巧，既會跑步又會游泳。不過牠個性既頑皮又容易分心，在爬樹時會摘水果吃、在跑步時會去調戲老實的黃小鴨，在游泳時還不忘去調戲老實的黃小鴨，牠發現這樣很好玩，所以就連公布成績時，牠還是在調戲老實的黃小鴨。

你覺得誰是最優秀的小動物呢？為什麼呢？

小小動物園園長公布分數：

◎ 小猴子的總分是最高的，牠什麼都會，爬樹最強、跑步第二名，游泳第二名。

◎ 小羚羊是第二名，跑步最快，爬樹和游泳都還算可以。

◎ 黃小鴨雖然是最努力的，游泳分數也最高，但園長對運動家精神沒興趣，所以是第三名。

◎ 小老鷹全部掛蛋。雖然牠爬樹時最快到達樹頂、跑步時最快抵達終點，但是牠作弊——用飛的。

很離譜吧？當然離譜！

而且歷任小小動物園的園長都這麼做，做得理所當然！最糟糕的是，世界上絕大多數的教育體制都會這麼做，而且毫無疑問、理直氣壯，並且致力把這套奇怪的價值觀灌輸在自己的子女身上。這就是我們台灣學校的九年國民義務教育。

小小動物園園長的考試出了什麼問題？這種教育體制怎麼改進？台灣政府還把九年改成十二年？是羨慕，還是頭疼？為什麼？

OH，My God !! 這又和建立萬人團隊有何關係？

現在台灣年輕人月薪 22K、18K，抱怨老闆太摳、政府太無腦、富二代過太爽；企業家認為年輕人太草莓、太無能、名校畢業卻沒有足夠的能力和實務經驗去勝任，更重要的是，這些學生連自己擅長什麼、熱愛什麼都不知道。

社會的許多問題都從教育開始。教育為本，教育決定一切。「一個人最大的成本，是一顆未受過良好訓練的腦袋。」而腦袋又分為左腦和右腦，左腦偏向邏輯、記憶、批判，右腦偏向創新、創造與聲光音效。台灣的教育環境並不負責訓練你的右腦。更多時候，對破壞你右腦的創造力還比較有貢獻些。但是在建立團隊致富的路上，發達的右腦是必備條件。

台灣的教育，會用國文、英文、數學、自然、地理歷史等，判斷你的才能——數學理解能力強，好像是一件很了不起的事；藝術家在台灣要混口飯吃，好像很困難，所以美術和音樂科目，意思意思就好。

學校教你的，理論上來看自然是要教你在社會上足以生存的能力；但沒有人知道學會三角函數或微積分，到底能幫你在社會上賺取多少收入；然後，社會再把專業的

美術、音樂，包裝成很高尚、有錢的人才能學的東西；但是，學校又沒有真的教會你怎麼賺錢。他們教我們一些好像很有用、好像很厲害，實際上卻在妨礙思考、妨礙創新的能力。於是就導致有些人不會賺錢，變得很窮。窮到一個極致後，不是上街當遊民，就是燒炭見上帝，或變裝去搶銀行。 因為大家都很窮，所以沒有閒情逸致去觀賞藝術演出，藝術沒人欣賞，於是藝術家也越來越窮。

因為大家都很窮，所以沒有人敢結婚、沒有人敢生小孩，生育率最低是世界第一、人口紅利降低、國家生產力也降低。

有些人的大腦被學校鍛鍊得像石頭一樣硬，以為上班吃得苦中苦，有朝一日一定能成為百萬富翁，把學校最基本的算術能力忘得一乾二淨：他們不知道就算月薪 10 萬元，不吃不喝整整兩年都不一定能湊到在台北市買房子的頭期款。

有些人拚命追著錢，以為研究錢、知道所有金錢的運作規則，就能賺取大把鈔票。卻忽略品格、忽略貢獻與服務、忽略目的、也忽略自己的優勢領域，所以很累、很辛苦。最後忘了尋找自己最擅長的領域並發揮所長，是每個人的天性。

建立團隊致富的路上，發達的右腦是必備條件！

一年建立萬人團隊的
第一個條件：熱情

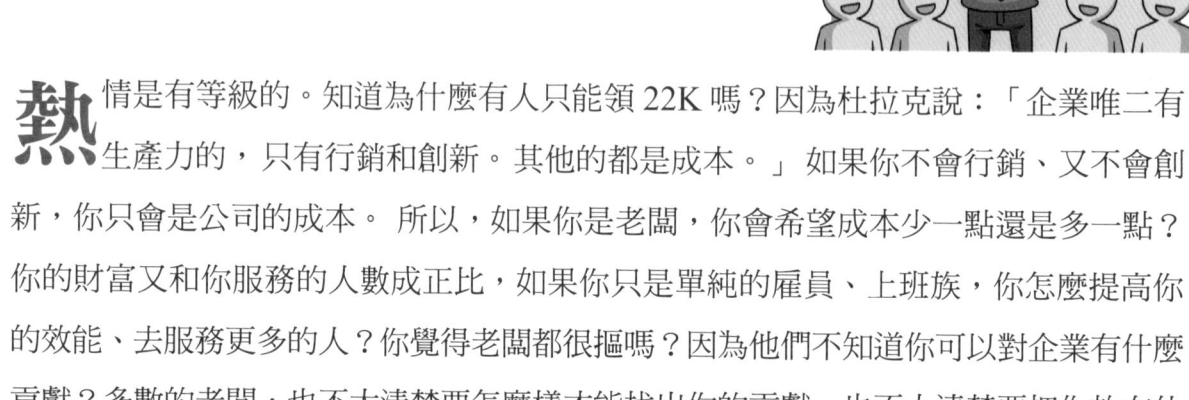

熱情是有等級的。知道為什麼有人只能領 22K 嗎？因為杜拉克說：「企業唯二有
生產力的，只有行銷和創新。其他的都是成本。」 如果你不會行銷、又不會創
新，你只會是公司的成本。 所以，如果你是老闆，你會希望成本少一點還是多一點？
你的財富又和你服務的人數成正比，如果你只是單純的雇員、上班族，你怎麼提高你
的效能、去服務更多的人？你覺得老闆都很摳嗎？因為他們不知道你可以對企業有什麼
貢獻？多數的老闆，也不太清楚要怎麼樣才能找出你的貢獻、也不太清楚要把你放在什
麼位置？因為他們怎麼會知道連你自己都不知道的自己呢？

　　如果你不想離開公司去創業，又想對企業、甚至對社會有貢獻，順便多賺個幾十
萬幾百萬，你只有兩條路：

　　以上是杜拉克認為企業唯二有生產力的項目。你會行銷嗎？你知道全世界最強的
行銷之神是我的好朋友叫「傑‧亞伯拉罕」嗎？我有絕佳配方噢 !! 想要中文行銷私房
菜？你也要學著如何找到我？並且讓我願意傾囊相授？我們知道尋找自己最擅長的領
域並發揮所長，是每個人的天性。

　　你知道全世界所有的行銷、成功學大師，大部分都源自於傑‧亞伯拉罕嗎？

　　你知道《心靈雞湯》作者——馬克‧韓森、世界第一潛能激勵大師——安東尼‧
羅賓、《有錢人想的跟你不一樣》作者——哈福‧艾克，全是傑‧亞伯拉罕的弟子嗎？

　　你會創新嗎？你知道每個人都可以創造出只屬於自己、獨一無二的創新產業嗎？

你知道一年建立萬人團隊也要會行銷？

我們樂意協助你全世界最頂尖的行銷，但我們必須非常確定你是 Integrity、是願意對世界有所貢獻的人，請和我們聯繫吧！

因為這套功夫足以幫你賺進數百萬美元以上的收入，如果你學會了，卻又不是 Integrity 的人，那只會造成災難，這就是 Integrity 如此重要的原因。

創新不是用教的，而是激發出來的——儘管創新可以被訓練。

要積極去激發出只屬於你自己的創新能力，你必須回答接下來的問題。如果你有 Integrity、願意真誠地面對自己內心的感受，你會知道你這一生注定要完成什麼事、想從事什麼樣的行業？

Q 你覺得你衷心熱愛的領域是什麼？

Q 你的興趣是什麼？你平常的消遣是什麼？沒有工作時都在做什麼？

Q 什麼事是你不用他人鞭策，你就能自動自發去做的？

Q 什麼事是你一生中一定要做的？

以上的問題，是為了協助你找到你熱愛的領域。

「熱情」是你成功一年建立萬人團隊的一個條件。一年建立萬人團隊成功事業必須同時滿足三個條件，缺一不可。「熱情」是第一個要優先考慮到、也是最重要的。你不熱愛的事情，你不會覺得好玩；你覺得不好玩的事情，你不會持之以恆；遇到困難，一次、兩次、三次，你就會放棄。你有可能在一個領域達到頂尖，但你若不熱愛，就算你的實力再頂尖、能賺的錢再多，你也會懶得做。

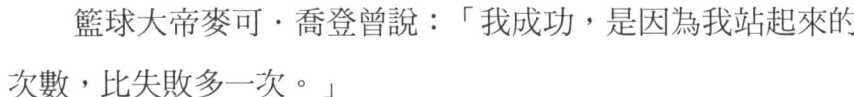

籃球大帝麥可・喬登曾說：「我成功，是因為我站起來的次數，比失敗多一次。」

「在我職業籃球生涯中，有超過 9000 球沒投進；輸了近 300 場球賽；有 26 次，我被託付執行最後一擊的致勝球，而我卻失手了。我的生命中充滿了一次又一次的失敗，正因如此，我成功……。」

「我打籃球，是因為我愛……，而打籃球順便能幫我賺錢。」

你必須鍾愛一件事物，你才會願意花心力去研究它，然後了解它、熟悉它，最後成為該領域的頂尖人物。

致富的法則之一是：從事你熱愛的工作。找個你熱愛的工作，這樣你工作時就會是快樂的。找個你熱愛的伴侶，這樣你不工作時就會是快樂的。如果你兩個都有，那無論你工作或不工作，都會是快樂的。 如果你熱愛你的伴侶，也熱愛你的工作，並且和

你一起從事這份工作，那你無時無刻都會是快樂的。

他如果不熱愛籃球，是不會越挫越勇的。如果你不熱愛某件事，能驅動你的不是貪婪、就是恐懼。如果你不熱愛上班，卻每天硬要起床去上班，那驅動你的不是高額的薪資、就是害怕失去生活費的恐懼感。如果你不熱愛房地產，卻去研究房地產，那你只是想賺錢而已，你為自己而戰，而不是為貢獻而戰。境外投資、股票、期貨、各種金融市場，如果背後驅動你的不是熱愛與興趣，那就只會是貪婪或恐懼。

正面追夢小故事

安琪是一名銀行從業人員。因為大學讀的是金融專業，加上家人認為金融業大有前途，所以她畢業後就踏入銀行業。但工作五年下來，安琪發現自己並不快樂。每天面對報表、數字、會議……等，讓她痛苦不已。即使好不容易熬了五年，終於累積到薪水三萬五的待遇，可是三十二歲的安琪越來越有一種拿自己的人生在換錢的感覺。

她看著身邊在金融業打滾將近二十年的老同事，每天處理差不多的事物，似乎都在熬著剩下的最後幾年等退休，安琪忽然覺得她一點都不想在這個行業莫名其妙地變老，於是興起轉行的念頭。

但在金融業工作近十年的安琪，除了儲蓄、外匯、保險……對其他東西一無所知。

她只知道自己喜歡畫畫，那是唯一可以讓她從巨大壓力解放的事物。但從小她就被灌輸畫畫沒有前途、賺不到錢，所以就順應潮流把「學生該做的本分」做完，然後當一個父母眼中的乖乖牌上班族。但當金融風暴來襲後，公司遇缺不補，原本忙碌的安

琪,還必須接手其他人的業務。每天早上七點就打卡上班,但天天加班到十一點。直到有一天終於撐不住,她感覺到原本就敏感的胃特別不對勁,於是請假去看醫生。

醫生直接診斷是胃癌零期。萬念俱灰的安琪想著自己短短幾十年的人生,到底在做些什麼,快樂過嗎?開心過嗎?興奮過嗎?她驚訝地發現自己長久以來,都是為其他人的期望而活,她從來不曾為自己的夢想努力過。安琪不禁問自己:人生都已經走到這個地步了,難道我還不替自己活一遭?

於是安琪辭去工作,搬出了都市,重拾畫筆,畫出一張又一張她理想中的人生,並用文字在旁邊寫下在人生第三十二年裡,重新為自己而活的喜悅,並將這些作品放在網路上。

沒想到這些讓人感動的圖畫和文字,引起網民廣大的共鳴。安琪的作品讓許多人重新思考人生的意義,紛紛有人找安琪上電視節目。接著,安琪出了作品集。這些書的版稅,足足是安琪過去收入的兩倍之多,加上額外的通告收入、演講邀約、賣畫收入……。安琪才忽然驚覺,原來心底的夢想其實可以成就很多事。 當她快樂地從事她最喜歡的工作,很多事情就變了,吸引很多好人好事來幫她,進入夢想的正向能量循環裡。夢想完成的速度是安琪始料未及的,她開始去鼓勵更多人,去遵循自己內心的夢想與渴望。不可思議的事,有時就在你身邊,就像幸福的青鳥。

你以為這只是漫畫中的情節?

我們一切的可能,
都由夢想開始。

一年建立萬人團隊的 第二個條件：強項

一年建立萬人團隊創造成功事業的第二個條件是「強項」。（找到優勢利基）

如果你是小小動物園的園長，你一定很清楚：黃小鴨的強項是游泳，你就不該讓牠去跑步、爬樹；小老鷹的強項是飛行，你不能用死板的標準去衡量牠。你是人類，你很聰明，你一定知道這些。

就像學校用一個人的總分與名校文憑，去衡量一個人的優秀與否；社會大眾用月收入高低或「資產」的多寡——更多時候其實是「負債」——來衡量人的成功與否一樣，這世上有很多被這種僵硬標準扼殺的小老鷹。

你要衡量一個人是否有價值，你首先要考慮這個人是否有 Integrity ？

杜拉克說：「儘管我們不能靠品格成就任何事，但沒有品格卻會誤事。」同樣的道理，你要成功之前，首先要有品格—— Integrity 。

第二個，是這個人是否對社會有所貢獻？而他服務的人，是廣大群眾、還是只有自己？「不務正業」想快速致富、自己享樂的人，對社會當然不會有貢獻。

第三個，你要知道他的優勢領域在哪裡？也就是他的「強項」在哪裡？就像任何有點腦袋的人都知道，黃小鴨不太會爬樹一樣，假設你要摘樹上的水果，你會請小猴子幫忙，而不是找黃小鴨。

你必須把自己放對位置，你才能發揮出效能。而適合你的位置，一定要符合你的天賦專長。

許多人活了一輩子，都不知道自己的優勢領域是什麼。因為學校不負責開發你的優勢領域，他們只在意你的考試分數。

更多時候，我們目前的教育制度只負責用「學業能力」去論斷你的價值——就像小小動物園的園長認為小老鷹的強項沒有用處一樣。你不該因為跑步跑很慢，就被他人認定你沒有能力、沒有才華——只因為你的強項可能不是跑步——你很可能是黃小鴨。你必須把自己擺在對的位置，符合你興趣和專長的位置，你才會做得開心、如魚得水。正如杜拉克常講：「年輕的知識工作者，應該早早問自己：是否被擺在對的位置上？

Q 你覺得你的強項是什麼？

_____

_____

_____

Q 回顧你的人生，有什麼事情是你做起來得心應手的？

_____

_____

_____

Q 你覺得你有什麼技能，是不用特別訓練，就可以做得比別人要好的？

_____

_____

_____

Q 問問你的親朋好友，他們覺得你特別擅長做什麼事？

_____

Q 觀察你周遭的人的工作和任務，有什麼事是他們感到很棘手，而你覺得
你能輕鬆做好的？

在《航海王》的劇情中，魯夫知道：要進入「偉大的航道」、尋求「大秘寶」之前，一定要先聚集一群好夥伴，而且這群夥伴，也一定要是各種領域的頂尖高手。

萬丈高樓地基起，任何事物都一樣。同樣的，要進入富人的快車道，一定要先有穩定的現金流。而要創造穩定的現金流，就要先做自己熱愛並且擅長的事。

或許你在甫踏入職場之時，根本不懂自己喜歡什麼、熱愛什麼，不了解自己擅長什麼、做什麼事最有效能。但隨著經驗的累積，你可以慢慢找到自己的天賦。

在我們還年輕對什麼都不懂的時候，應該多去嘗試，並且失敗的次數越多越好。因為失敗本身就是成功的一部分，沒有經歷過失敗的年輕歲月，是無法淬鍊出智慧的。沒有這些風浪，往後人生的路上，有時候會比較辛苦。

要找到自己的優勢領域，有幾個步驟和方法。你可以從過去的經驗得到，整理成功經驗，進而發現自己做哪些事比較擅長，也可以透過一些步驟，讓自己更清楚地認識自己。

你或許覺得自己並不認識什麼大人物，更不覺得自己有什麼特別突出的表現，但是，請你相信一件事：你一定有你存在的獨特價值。

這就是杜拉克在《五維管理》中，首先提到的深奧觀念。要管理他人、建立事業，首重「自我管理」。你要了解自己擅長什麼？應該專注什麼？做什麼事會比別人產生更大的效能？現在就

讓我們把這些整理出來。

請寫下你懂的知識有哪些？例如經濟學、會計、統計、醫藥、英文……等，任何專業知識都可以。

To Think, To Write

接著請寫下你會的技能：例如裝修電腦、蒐集資料、寫文章、唱歌、化妝……等，任何你覺得自我表現還不錯的事。

To Think, To Write

請寫下你擁有的東西。分兩個部分來寫，一種是你自己本身的特質──也就是無形資產──例如高的身材、美麗的容貌、幽默感、親切感、善於聊天……等。

另一種是外在的物質──也就是有形資產──如有車子、摩托車、電腦……等。

To Think, To Write

［ 　　　　　　　　　　　　　　　　　　　　　　　　　 ］

　　請寫下別人曾經怎麼稱讚你：例如，很會表達、善於溝通、談判高手、成交高手、做事很有效率、減肥達人、超級感情顧問……等。

To Think, To Write

［ 　　　　　　　　　　　　　　　　　　　　　　　　　 ］

　　請寫下你認識的人：請分為兩類。一種是你很希望能夠擁有的特質的人、成功的人、你欣賞的人……等。另一種是你認識的朋友、同伴、同事……等。

To Think, To Write

［ 　　　　　　　　　　　　　　　　　　　　　　　　　 ］

你曾經做過的工作、表現得如何：無論是短期、長期、兼職、全職、創業⋯⋯都可以。表現如何請用一句話描述。

To Think, To Write

你扮演過的角色，表現如何：例如父母、兒女、職員、班級幹部、上司、下屬等。表現如何請用一句話描述。

To Think, To Write

你喜歡的事物有哪些？平常的興趣是什麼？逛最多的是什麼？關注最多焦點的是什麼？例如：攝影、打籃球、美食餐廳、旅遊、育兒方法⋯⋯等。

To Think, To Write

經過上述步驟，你在心裡會慢慢開始整理出一個輪廓，並且找到交集。例如我 Aaron 的專長領域有：房地產投資、會演講、擅長於談判、認識許多老闆與媒體、會行銷。很多人表示被我激勵過後生命有了很大的轉變，做過房地產、帶過組織也會創業。

扮演過父親、丈夫、上司、下屬的角色。一旦我全心投入，就能做得非常好。平常會關注球類運動與教育相關資訊。於是，我開始發現「溝通」、「業務」、「談判」、「行銷」、「訓練別人演講」是我的強項，而這正是我可以分享給別人的部分。

我知道自己不是一個完美的行政高階管理人才，但是對於業務上的績效管理，則是強項，所以我可以選擇一個市場，切入各領域的業務訓練，並且用各式資源，打造個人品牌。

「草大麥」是我的夥伴，善於「分析」、「整理」、「觀察」和「文字工作」，影片剪接，儘管各方面都還在磨練階段，但我們很快地發現，他在「陌生開發」有很大的進步空間，所以一級業務戰區暫時不會有他的位置。而他所不喜歡的正好是我及其他夥伴比較擅長的，他所擅長的「整理」也是我需要更多祝福的部分，因此兩人可以做很好的配合。兩岸人脈資源與出版巨擘王擎天董事長，再加上多才多藝的 Aling、允誠、相輝、士軒、柔柔，才有今天你手上的這本書。

找出你的天賦強項，再來的任務是：強化它！你必須不斷地強化你的強項，不斷強化、不斷磨練、不斷累積經驗值，你才會成為頂尖人物。杜拉克認為，你若想要成功，

你要做的事，就是不斷強化你的強項，而不是強化你的弱項——除非你的弱項真的嚴重到會妨礙你發揮所長。

就像小老鷹擅長飛行，牠必須不斷地強化牠的飛行能力，假以時日，牠就能成為飛行領域中的頂尖高手。你看過哪隻老鷹在水裡學自由式？

如果你是黃小鴨，你的強項應該是

游泳，而你卻努力強化自己不擅長的領域——比如跑步或爬樹。你不但不會成為全才，反而樣樣都通、卻樣樣都鬆。

正如杜拉克所言：「沒有所謂的『優秀全才』這種事。在哪方面優秀，才是重點所在。」

你在哪個領域特別優秀，就必須強化你的那個領域。然而我們台灣學校的考試制度，第一，它的考題通常對社會沒什麼貢獻度和實用性可言；第二，用全部科目的總分來論斷一個人「優秀」與否，是非常莫名其妙的事情。

假設有一個學生叫小明，他其他科目都很差，但唯有國文科特別精擅。小明很可能所有科目加起來的總分只有 100 分，因為他只能在國文領域達到 100 分，而其他都是 0 分，但如果國文的分數滿分為 1000，他可能可以達到 999 分，而其他各科都很「精擅」的學生，加起來的總分可能也比不上小明國文一科的成績分數。因為人的心力與時間有限，不可能在每個領域都成為頂尖，何況還要生活喜樂。

當小明專精於國文一科，假以時日，他的文學造詣、文字工作領域的功力，將足以替他創造最少一項的現金流工具。

真的每個人都要去考多益、考托福嗎？你擅長學習英文嗎？英文不好，真的會妨礙你發揮所長嗎？紐約的乞丐英文也很好啊，不是嗎？

你必須常常思考這些事——如果你想要成功的話。因為我們每一個人的時間有限，你必須把時間花在你投資報酬率最高的領域上。

只要你找到自己的天賦專長，並致力強化、磨練、讓它發光發熱，你就完成你成功事業的第二個條件：「強項」。

一年建立萬人團隊的第三個條件：經濟效益

第三個條件是「經濟效益」……就是要有錢賺。

許多人做生意、賺錢，往往是「這個看起來好賺，所以我去賺」。

「澳洲打工看起來好賺，所以我去賺。」

「百大企業看起來收入很高，所以我去應徵。」

「公務員看起來工作很穩定，所以我去應考。」

千千萬萬人只顧慮到經濟效益，卻沒有考慮到前面的兩個條件：**熱情和強項**。而且在賺錢方面，又沒有考慮是否對社會有所貢獻？也沒考慮為什麼要賺大錢？甚至不知道有多少方法可以產生經濟效益？

你不知道你是否有熱情、你也不知道你是否你是否精擅、你甚至不知道是否可行。

「經濟效益」指的是可行性、實務面、現實考量。例如，許多藝術家熱愛畫畫，同時擅長畫畫，卻沒有任何經濟效益，收不到錢──那就要找到一個優秀並且與你互補，熱愛當經紀人的伙伴幫忙收錢，否則就是無法得到溫飽──那就沒有意義可言。

社會型企業在聚焦於對社會貢獻之餘，也要兼顧經濟效益，否則就只是公益慈善。

所以，在找出「熱情」和「強項」的同時，你還必須想出一套可行的獲利模式：如何讓大家都贏？我們要協助你發揮創意，找出你獨一無二的成功事業：

Q 你熱愛的領域有經濟效益嗎？如果沒有，你要如何讓它產生經濟效益？

Q 你專精的領域有經濟效益嗎？如果沒有，你要如何讓它產生經濟效益？

Q 承上述兩題，為什麼你認為你的方式，會有經濟效益？

Q 請你發揮創意，去想一套大家都贏的遊戲、一個可行的獲利模式：

　　你唯有不斷創新，習慣讓你的大腦思考，你才會得勝成功。而上述三個條件，是激發你創新、開創新事業的基礎。

CROWDFUNDING Dreams Come True

眾籌，創業家的必修課！

如果你的提案夠吸睛，全世界都會來幫你！！

創業時代最偉大的商業模式——眾籌，徹底顛覆了資本與資源的取得方式，
相對於傳統的融資方式，眾籌更為開放，門檻低、提案類型多元、
資金來源廣泛的特性，提供了無限的可能，給予創業家們前所未有的圓夢機會。

眾籌成功的關鍵是什麼？

您的眾籌提案還缺少什麼？

如何避開相關法律風險？……

兩岸眾籌教練第一明師——
王擎天博士率領創業圓夢小組兩天全程為您服務，
親自指導學員優化提案，絕對讓您的提案瞬間充滿亮點，
並輔導您至募資成功，讓眾籌幫您圓夢！

創業家眾籌課程2日實作班

被譽為兩岸培訓界眾籌第一高手的王擎天博士，
手把手教會您眾籌全部的技巧與眉角，課後立刻實作，立馬見效。

時間：2018‧**7/28～7/29**

（每日9:00～18:00 於中和采舍總部三樓NC上課）

2019、2020 年……開課日期請上官網查詢

www.silkbook.com或掃QR碼

★王道★
98000PV
會員免費

一年建立萬人團隊之 收入的多重來源

而單就經濟效益的層面來看，其實有非常多的選擇。彼得·杜拉克曾在其《真實預言——不連續的時代》書中提到第二知識職業的重要性。換個角度來看，也就是打造多重現金流。財富是需要管理的，你的收入與現金流也是。一般來說，我們把收入歸納成四種：

① 用時間與健康換錢：TIME WORKER

簡單來說，只要你停止工作就沒有收入，無論你是 SOHO 族、上班族、老師、教授、律師、會計師、醫生⋯⋯等，都屬於這類。

② 用錢與時間換錢：MONEY WORKER

舉凡股市投資人、債券投資人、基金投資人、入股餐廳或公司的投資人、房地產投資人⋯⋯等。

只要是拿出你自己的錢，但實質上不是因為你其他的勞力付出所造成的收入，就屬於這種。

③ 用別人的資源換錢：RESOURCE WORKER

簡單來說，合夥創業是其中一種。你用別人的時間、別人的錢，與別人合作、用別人的資源，然後換取自己的收入。

④ 建立一套系統賺錢：SYSTEM WORKER

建立一個簡單、可被輕易複製的系統，讓大家加盟、讓大家都贏。麥當勞之父

——雷・克羅克、星巴克之父——霍華・舒茲都是很好的案例，我們成資國際也是高手喔！

　　並沒有哪一種工作模式可以賺得比較多或比較久。如果你是一位剛從法學院畢業、考上執照的律師，你的收入不一定會比在路邊擺攤賣衣服的年輕女孩高。但如果你累積了一定的資歷、經驗，擁有高曝光率，那麼你的收入可能就比較高了。

　　你可以自由搭配你所想要的收入模式與投資報酬率。沒有對與錯、好與壞，這攸關你自己的喜好與選擇。

　　但的確有些搭配組合，可以讓你比較輕鬆地賺到錢，並且也能夠持續地更長久。

　　每一種工作者，都有不一樣的工作型態。更詳細的分類，可以參考《富爸爸・窮爸爸》系列叢書，這邊只是做個簡單的分類。

　　在《富爸爸・窮爸爸》系列叢書中，羅伯特・清崎的富爸爸提出「現金流象限」的概念：

你擁有一份工作，
用自己的時間、勞力換金錢的象限。

★ 一般上班族、軍公教、高階專業經理人屬於 E 象限。

★ E 象限的人受雇於系統擁有者，為老闆工作、為企業工作。

★ E 象限的人收入穩定、加薪穩定，但成長幅度緩慢。

★ E 象限的佼佼者幾乎沒有方法避稅、節稅。

★ E 象限的人只要一停止工作，收入就會中斷。

你雇用自己，
用自己的時間、技能換金錢的象限。

★ 自己開一間診所的醫師、開一家自助餐廳的老闆、開一家會計事務所的會計師、或是夜市擺攤的攤販、個體戶 SOHO 族、某些領域的業務員、大部分的直銷業者，大部分的明星都屬於 S 象限。

★ S 象限的人有特殊的才能，受雇於自己，用自己的專才去賺錢。

★ S 象限的人收入不太穩定，可高可低。

★ S 象限的人擁有某種程度的時間自由，他們受雇於自己，可以自己決定工作時間。

★ 大部分 S 象限的人只要一停止工作，收入就會中斷，但也有例外。

★ 有些 S 象限的人會以為自己是系統擁有者，但他們不是。

★ S 象限與 B 象限的其中一個差別在於：前者若不工作就沒有錢流進口袋，後者就算不工作，金錢也會源源不絕地流進來。

★ 組織行銷（多層次直銷）可以屬於 B 象限，但大部分組織行銷從業人員不懂系統組織會做成 S 象限，當他們一停止工作，收入就會中斷。因此在組織行銷的領域中，有沒有一套可以產生自動化工作的系統就是關鍵。

★ 當 S 象限懂得運用系統時，便能逐步跨入到 B 象限。例如，暢銷書作家運用智慧財產權保護法賺取源源不絕的版稅。

 **系統擁有者，建立系統，**
用他人的時間、技能或勞力換金錢的象限。

★ 建立系統的企業家、開放加盟的連鎖企業家、網路系統的創建者、組織行銷、建立通路者屬於 B 象限。

★ B 象限的人雇用 E 象限與 S 象限的人。

★ 當 B 象限的人擁有一個穩定且優質的系統，即使不工作，收入也會源源不絕，達到財務與時間自由。

★ 部分 B 象限的人對 I 象限的人負責。

★ 連鎖加盟企業屬於金錢成本較高的 B 象限，他們建立一套有效的系統，開放加盟，讓他人複製自己的系統，擴建通路。

★ 組織行銷屬於金錢成本較低的 B 象限，他們學習、複製出更多的領導人，藉著已被證明成功有效的系統來建立團隊。因此，一套有成果、專業、在領域中已是典範的教育訓練系統就非常重要。

例如，台灣成資國際便擁有一套完善的教育與訓練體系，彼得杜拉克社會企業，是一種結合學校、訓練機構、顧問公司與自有事業體的獨特企業，課程名稱是「642WWDB」。

I 象限
Investor

金錢擁有者，讓金錢為自己工作，
用自己或他人的金錢換錢的象限。

★ 房地產投資者、境外金融、股票、大宗物資、選擇權、貴重金屬、基金、資產信託等，都屬於 I 象限領域。

★ I 象限的人熟知金錢的歷史、法規和遊戲規則。

★ I 象限的人需要有大量的本錢，才有機會賺到大錢。

★ 品格不良的人擁有大量的 I 象限資源，會引發金融災難。

★ 從 E 象限或 S 象限直接進入 I 象限的人，常懷著貪婪和恐懼。

★ 如果沒有穩定的 B 象限系統，貿然進入 I 象限是非常危險的。麥當勞致富計畫必須穩紮穩打，先把系統建設起來，擁有穩定的現金流，再談投資金融衍生性商品，而且要把焦點放在經營團隊的品格與能力上。（詳情請參閱《當富拉克遇見航海王 2 —麥當勞致富計畫》）打造多元流收入。

您位於哪個象限？

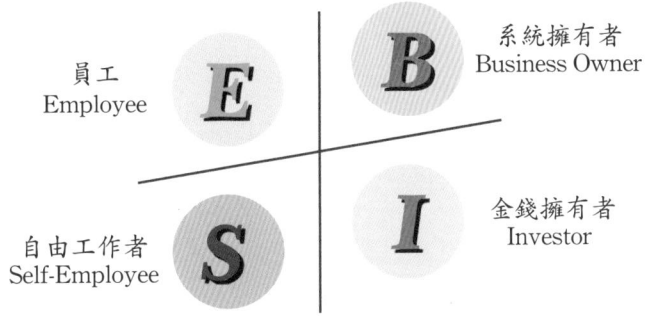

員工
Employee

系統擁有者
Business Owner

自由工作者
Self-Employee

金錢擁有者
Investor

你可以選擇你最想要的生活模式，我們將以上的特性整理出來，你也可以思考一下什麼樣的生活會讓你最快樂。

在每一種收入類型中，你所需要學習的技能都不相同。管理學之父——彼得·杜拉克曾在其著作中多次提到知識經濟的到來，也提醒世人知識工作者所帶來的轉變。事實上過去數十年來，經濟變化也正如其所言，產生質變與量變。

台灣的經濟型態，在短短數十年間，從傳統農業轉變為技術領導的工業，再到現今以各式知識掛帥的科技業，現在進入現今技術、知識與服務大融合、大數據、大平台的新時代。

根據彼得・杜拉克在其《不連續的時代》裡提到：「知識工作者不是勞工，也非無產階級，但仍然是受僱者。」其仰賴薪水、退休福利和健保為自己創造穩定的生活。

然而，彼得・杜拉克也直言，社會現實的觀點為「現今的知識工作者其實是昨日技術工作者擢升的後繼者」。因此，我們觀察現代大學畢業生期待的收入與雇主之間產生極大的落差。

這些即將進入或已經進入社會的知識工作者們，受過高等教育，期待自己成為「專業人士」。

但這些雇員們的想像，卻與真正的管理者的期待有極大的落差。甚至，許多我們眼中的「知識工作者」，已經淪於早期的技術人員，必須不斷地付出勞力、時間、健康、生命，換取微薄的收入。

彼得・杜拉克直接了當地說：「大多數知識工作者並沒有領悟，他們是在有發展且待遇豐厚的工作，與耕作除草每天做十六小時、卻只能勉強度日的工作中選擇。」意思是，現今的知識工作者雖然帶來社會上極大的變革，然而，當所謂「知識工作者」不願意提升自己、持續學習，那麼世人眼中受過高等教育的這群知識工作者，其實與在農地、礦場裡辛苦工作並沒有什麼不同。

科學管理之父——佛德瑞克・泰勒先生曾經提到：「知識份子認為工作是理所當然的事。想要更多產量，就必須延長工時、努力工作。但這樣的想法是不對的，要有更多產量的關鍵，應該是『聰明地』工作，有思想地有信仰地工作。」

你若要選擇成為一個 LIFE WORKER，在工作職場上獲得更多的收入，你就必須要比一般人投資更多在自己的思想判斷上，讓自己發揮最大的生產力。你可以開始思考：

◎ 你現在做的工作是不是不需要大學畢業也能做？
◎ 你現在的工作是不是必須大量、重複且辛苦地做？

◎ 你現在的工作是不是幾乎用不到專業技能？

◎ 你現在的工作是不是隨時都可以被取代？

◎ 如果答案是肯定的，那你必須思考自己的工作與以往在農業社 會與工業社會有什麼不同？

你或許期望透過累積年資獲得加薪，可是事實上是不是永遠都有新一批的大學新鮮人、永遠有人願意用比你要求更低的薪資來取代你、永遠有人比你願意犧牲家庭、健康、生命來換取工作？

你不是不能獲得更高的報酬，而是你要更聰明地工作！首先，要加強的就是專業技能——甚至擁有兩項以上的專業技能——這能夠幫助你在職場上有所突破。單一專業性人才已經不足以讓資方願意付出高額的薪水。資方期待的，是一個能夠處理至少跨越兩種領域的複雜問題的人才。（我們打入北京市場也需要找到跨界聯盟的高手與合作夥伴。）

因此，你如果想獲得高薪，你的專業知識就必須要有非常強的「獨特性」，而且是一般人無法取代的。

「勉強應付」的工作不會讓你收入提高，更積極主動的出擊才擁有致勝機會。

此外，你是否曾經思考過，如果你持續現在的工作，二十年後，你會成為什麼樣的人？你能夠輕易退休嗎？如果你的薪資不足以讓你退休，甚至連自己都看不見未來，那麼你為什麼還要持續現階段的狀況？

彼得·杜拉克直言：「我們應該縮短年輕人開始知識工作前的教育年限。」

在我們看來，他的話是提醒世人，為了避免知識份子與企業主和社會產生過大的落差，應該盡早接受社會教育的洗禮，並且全方位的學習。

專業技能不斷精進的同時，還要學習把知識融入你的技能之中。

你必須學習站在「老闆」的角度思考，如此可以幫助你獲得更高薪水的機會，你要學習成為這些企業家的「另一顆腦袋」幫他們解決問題，他們會愛死你。

如果你選擇成為一個 MONEY WORKER，你同樣必須累積你在相關領域的專業知識。

如果你投資股票，你必須了解這家公司的運作、組織管理、財務報表……當你越熟悉一個公司的管理與業務，你就越容易判斷其管理是否會對財務造成重大衝擊並影響股價。

識人的能力也極為重要，一個公司的管理階層如果不具備好的管理人才，再光明的產業前景與產品，也無法讓你的投資報酬率提升。

如果你投資的是房地產，那麼經驗、資金與談判功力就成為你的致富關鍵。

「投資」並不是一種自動能讓現金流進來的懶人致富術。相反地，你甚至需要比一般知識工作者花更多時間做全方位的研究。從總體經濟、國際情勢、趨勢判斷、政治角力、公司治理、產品規劃……等都要有所涉獵，才能在投資市場裡獲得穩定的報酬。

而最重要的是你必須要有控制情緒的能力。華倫・巴菲特曾說：「別人恐懼的時候，我要貪婪，別人貪婪的時候，我要恐懼。」我們綜觀股市裡真正能賺大錢的常勝軍，往往都是有錢的企業家，真正的關鍵，是因為他們歷經企業草創的洗禮，見過大風大浪，歷練比一般的上班族、菜籃族還多更多。加上他們掌握企業界隨時的最新動態，自然能夠精準地判斷何時該進場、何時該收手。因此，如果你真的想在投資界裡賺進大筆財富，先去經歷一段創業人生，或許更能幫助你精準判斷。

新加坡前總理建議：加入一家優質的直銷公司學習創業，才是完整又 CP 值高的創業訓練。

RESOURCE MAKER 和 SYSTEM WORKER 是難度最高，但也是藏有最大財富的致富途徑。你可以用自身最少的資源，創造最大的績效。以管理學的角度來看，這樣的效能是極大的。

但一個真正成功的 RESOURCE MAKER 和 SYSTEM WORKER，通常需要經歷過無數次的成功與失敗的經驗，才會累積最大的能量，創造猛暴性的財富。

台灣 85 度 C 的吳政學、王品戴勝益、阿里巴巴馬雲都是，如果不是擁有二十年成功失敗經驗，也不會有後來成功上市的結果。

身為一個創業家，你必須具備良好的溝通力、判斷力、執行力、領導力與資源整合能力，你將會度過一段驚濤駭浪的旅程。

可是也因此，你比別人多更多寶貴的經驗。這些經驗將會是你一輩子珍貴的資產，在往後的幾十年，也有可能幫助你創造驚人的財富。就像後來馬雲和蔡崇信的慧眼識英雄，都是經驗的累積。

創業不會馬上一開始就讓你賺到錢，但你在過程所學的事物，將是用錢也買不到的財寶。成功終將伴隨著不斷成長而來！

無論你的選擇是什麼，剛開始收入來源越多樣化越好。在大環境不景氣的前提下，我們無法準確地預知未來哪個行業會興起、哪個行業會沒落、哪個市場會崛起、哪個市場會衰退。日本經濟也曾傲視全球，許多日本企業家甚至能夠大手筆買下美國博物館內的珍貴館藏，但從什麼時候開始，日本經濟已經衰退了三十年，甚至不見好轉跡象，而南韓則蓄勢待發，下一個時代又是誰勝出呢？

科技業在台灣也曾經風光一時，帶動台灣經濟成長，但曾幾何時，科技業變成保 5 保 6，毛 3 到 4，後來是觀光旅遊業，最熱門的行業又變成餐飲業？ 2018 又進入 AI、

**選擇你最想要的生活模式，
思考一下什麼樣的生活會讓你最快樂。**

生技、健康基因、大數據與數字貨幣。

生活產業也將更加抬頭，看看買下「台北 101」的是賣泡麵、賣飲料的「頂新國際集團」，買下「中時集團」的是賣仙貝的「旺旺集團」，你看到什麼？沒有對錯，只有你觀察、記錄了什麼。

要發展多重現金流的原因只有一個：是為了確保你在任何環境、任何景氣、任何狀況下，都可以有穩定的收入。

如此一來，你不必擔心景氣不好被裁員、不用怕一個人時間有限，無法多接工作。

另外，我們可以把投資報酬區分為兩種：

★ 一次性收入 LINEAR：花一次力氣，只能得到一次收入。

★ 多次性收入 RESIDUAL：花一次力氣，可是卻能得到多次收入。

用勞力換取金錢，雖然是花一次力氣，可是依然有機會能夠獲得一次性的高收入。舉例來說，演藝圈的模特兒、明星。林志玲、蔡依林、周杰倫，范冰冰……等人的代言收入，一次就能獲得數百萬。當然她們也是從一次才幾千元的通告費慢慢累積出來的。

但我們要談的觀念是，只要你肯思考如何「創造價值」，仍然可以獲得很高的收入。

用勞力換取金錢，也可以只花一次力氣，就獲得多次收入。舉例來說，暢銷書作家就是很好的例子。

《哈利波特》的作者——羅琳女士給我們最好的示範。她原先是個失業媽媽，甚至不能算是個「在工作的人」。但她熱愛寫作，把寫作當成她的志業。最後《哈利波特》一炮而紅，羅琳也成為英國女首富、史上最富有的作家。

她花了一次力氣寫作，但是後續的書本版權收入、電影版權收入、各式權利金授權物品，讓她不用再工作，都能擁有源源不絕的收入。（但是有高取代風險）

如果是投資者，也可以分為一次收入與多次性收入。若你是專攻短期的投資者，專做股票差價或是房地產買斷差價的投資者，你的收入來源就是標的物上的價差，這種就算是一次性收入。

但如果你是屬於長期的股票持有人，參與每年的配股與配息，或是長期持有房地產，專門做租賃，這就算是多次性收入。

一般來說，依照投資心理統計學，超過半數的大錢，其實都藏在長期投資裡。但長期投資的資金需求量大，你必須有更大、更多、更穩定的現金流，才能在投資領域賺

到大錢。

否則短期投資的風險與變數相當大，萬一碰到短期虧損，很可能讓你喪失精準的判斷力。這會讓你心情起伏不定、焦躁不安。這是你必須衡量與斟酌的。

如果你選擇的是創業，有些人專門成立公司然後賣掉，這種就是一次性收入。

如果你是想辦法經營企業，並且創造產品的持續購買力，那麼就算是多次收入。

並沒有哪一種收入會絕對帶來比較高的收益，這一切都取決於你選擇後，是否有優良的經營策略與判斷力。

賺得多與賺得少最大差別，就在於你是否有足夠的經驗讓你成長。過去的經驗能夠幫助你做好決策。但我也要提醒，很多時候，每跨一個新領域，過去的經驗往往就不再適用。

過去的經驗反而有可能成為你的絆腳石。此時，你需要的是一個好的教練。好的教練能夠減少你完成目標的不當時間花費，而這就是屬於致富方程式的一部分。

關於致富的方程式，我們會在後續的系列作品與課程中詳細說明。也請您上網瀏覽追蹤，我們每天都在成長，透過本書的解讀，您可以得到更多市面上都沒有公開的致富祕密。

Innovation & Nich

創新──建立萬人團隊的利基

那 麼你的機會是什麼？你要怎麼做才能提高自己的競爭優勢？
如何成為一名知識型的創業富翁呢？

創新的七個來源

彼得‧杜拉克提供給我們七個「系統化」創新的方法，這七個方法，無論你用在創業、個人成長、發展第二或第三專長，都會是非常值得參考的指標。

創新當然也需要管理。首先你必須明白自己「創新」的目的是什麼？是為了錢、職涯發展、名譽或是其他欲望，但成功的創新者，應該試著去創造社會和客戶的價值與專注於自己的貢獻。

根據杜拉克的論點，創新不需要艱深的技術或學問，可能只是一點點人們習以為常的習慣上的改變，就是一種創新。

而即使是這種看似微不足道的創新，背後龐大的利益、社會貢獻與商業價值，是我們無法有效衡量的。身為知識型富翁的你，也一定會從其中獲得啟發：

來源一：意料之外的事件

不論你是上班族、創業家，在工作過程中，免不了都會有意外出錯的時候，我想技術人員常常會有深刻的體會，有時一些意外，可能剛好解決一個麻煩的病毒，或是

讓人類的生活有重大改變，例如現在最牛逼的共享經濟……。

最著名的例子莫過於 3M 的例子，因為工程師的不小心調錯了黏膠，把原本要很黏的膠水，搞成不太黏了，造就了便利貼的上市與熱賣……。

或許在工作的過程中，也會有意外的驚喜、意外的挑戰、意外的不開心、意外的升遷……，每一個意外都可能是你在工作上、創業上創新的機會，你得試圖讓自己保持開放的心胸。

如果你想成為知識型富翁，請觀察你所選的產業，是否「有意外的成功」或是「意外的失敗」。

例如，房地產投資的領域，原本要歌功頌德這個產業，才能讓你的案件成功？

但是台灣某知名網紅名人，常踢爆房地產的黑心內幕，後來因為政府打房，就出一本書試試看，結果因為訴求不同，意外地出了名，同時他所經營的不動產公司，也因其以正直聞名，意外地成功。

你看事情的眼光，如果切中了一群市場上被忽略的客戶，有時也會意外成為別人學習與仿效的對象。

來源二：不一致的狀況（別人做得不夠好）

這個部分包含不一致的經濟現況、認知與實況之間的不一致、價值期望間不一致、某個程序的步調或邏輯所發生的不一致，可能是你與老闆工作認知的不一致，可能是你的客戶與你期望的不一致。舉例來說，某家知名的香港外商銀行，在處理客戶房屋貸款繳款的問題，催收人員沒有發現客戶有餘額可以扣款，結果上交聯徵，甚至扣違約金。由於銀行的專業帳戶繁瑣又複雜，造成客戶行員間認知上的落差，若能改善這種不一致的狀況，就能提升銀行的客戶滿意度，進而提升業績。

這是大公司最常遇見的詬病，部門分工過細，僅做自己部分的工作，卻沒有人真正照顧客戶權益，如果你身處在某間大公司，就不得不注意這種狀況！

組織越大，就越容易產生不一致的狀況，就像政府總忘記自己的客戶是小老百姓。當你發現身邊某些客戶對於某些公司的服務感到不滿，此時就出現不一致的狀況。

上個例子,那位知名部落客透過踢爆房地產內幕,並且出版了一系列房地產領域黑心事件內幕的書籍,為社會不滿房地產業者的一群人產生貢獻,同時替自己產生營收,也是房地產市場與客戶間期望的不一致狀況。

如果你身處食品業界,揭開食品加工業的真正內幕——比如日本的安部司,或是養殖業的真正內幕……等等,都有可能造就你成為知識型富翁。

來源三 :程序需要(直接發掘客戶的渴望)

一個太獨立的程序、一個無力的或欠缺完整的環節、沒有對目標有清楚的定義、沒有詳盡解決事件的可行方案可以被清楚地加以界定、一般人都會認為應該還有更好的方式。

如果你是一名鍋具銷售員,一般的程序是展示這個鍋子有多實用耐用、並提供試吃,取得客戶認同。但根據我們的觀察,這樣的展示效果非常有限,客戶不一定會購買,價格也是重要因素。

大多數的客戶都有一種感覺:業務員只想成交我!但是如果這個銷售員提供客戶的是一個體貼的關懷,真正關心其健康、日常飲食、體態需求……等,進而給予協助,這樣客戶願意購買的機率卻會大大的提升。一名戴隱形眼鏡的客戶,無論對於日拋、週拋、月拋或者長效型的隱形眼鏡,已經感到厭煩,因為除了必須注意清潔問題,還需要留意自己本身的眼睛狀況,難到沒有一種眼藥水或眼藥膏,可以達到類似隱形眼鏡的效果,又可以避免乾眼症,又能同時保養眼睛?

其實已經有科學家研發出類似的產品,這背後龐大的商機,可謂驚人。

如果你也可以找出生活中許多的產品在使用上的不便利,並加以改良、改造其製成、使用方法,你就有機會變成知識型富翁。

來源四 :產業與市場結構

這是外部的環境變化。生意大都與這部

分息息相關。當戰後嬰兒潮崛起，食、衣、住、行、育、樂……等，紛紛出現量與質的轉變，以減重市場來說，整體金額最少上看數百億美元，但誰是你的顧客群？

哪一種方法是真正能夠「創造客戶」並獲得高成長的方法？減重從最早的平面廣告、電視廣告的運動器材與減肥藥品，到中期的媒體置入性行銷與直銷來賣產品，到後來由政府衛生單位主導全民瘦身。

市場的結構與民眾對減肥的觀念快速變動中，連貼片減肥都出來了，如果還是用傳統的行銷手法，便容易在這市場結構中被取代。

在高房價的時代，有一群人真的很渴望買房，他們有固定收入，可是卻無力負擔高漲的房價，你有沒有想到某些方法，可以提供房屋給那些有一定經濟基礎，但卻仍不足以購屋的人？銀髮族，老年化時代的來臨，你曾經想過這群金字塔頂端的人，他們究竟需要什麼樣的服務？

有機商店、有機工廠的崛起，或許正好切中這塊市場結構的變化，但除此之外還有呢？從前面談到的戰後嬰兒潮，這些人的食、衣、住、行、育、樂……，將會是未來產業與市場的新趨勢。

但對於那些「三明治」族群呢？有什麼方法可以解決這些人上有高堂、下有妻小的經濟與情緒壓力？

誰可以解決這些問題，誰就可以在其產業有所斬獲。

看看美國共享經濟的 Airbnb、Uber……還有阿里巴巴……

來源五：人口統計資料

當現在台灣的社會出現高齡化、出生率大幅下降、單身貴族、小資女孩紛紛崛起，市場的屬性也截然不同。只要抓對一塊自己客戶群，生意就是你的。《小資女孩向前衝》這部戲，反應很多真實的人口變化。

人口統計有時看的不單單是一個人數的變化，包括薪資結構、興趣偏好等都包含

在裡面。因此當人口統計發生變化,如果你是業務員,你可以透過觀察生活中周遭事件的演變,找到屬於自己的客戶群。例如 5 分鐘就有一個癌症患者……

來源六:認知的改變

消費者的認知,是不斷變化的。舉例來說,消費者對「瘦」的定義,從早期的體重數字,到現在越來越多人重視「BMI」、「體脂肪」、「腰圍」……等。隨著知識的增長,消費者對瘦身的認知也隨之不同。

如果你是創業家,你就必須更了解客戶的腦袋在想什麼。同樣地,在一家公司裡,也會有許多「認知」上的改變,如果你是上班族或一般行政人員,忽然間,老闆有可能調整行政工作,要求行政人員也支援業務工作,此時你的準顧客對你的工作認知,已經產生了變化。你就要適時調整自己的心態,因為你的老闆就是你的大客戶!

來源七:新知識、新發明

新知識的創新與新發明,是創業家的最高靈魂。如果你是員工,這也是你在職場最大的利器,但是成本也是最高。

許多研究顯示,擁有兩樣以上不同領域專長的人,在職場競爭力較一般人還高很多。意思也就是說,這是一個需要兩項、三項、四項專才以上跨界結合的年代。如果你是工程師,有豐富的技術背景,又擅長溝通協調,又會管理,那麼你將比別人更有機會!

跨領域的結合,只要能融會貫通,就可以創造驚人的績效。

AI 人工智慧結合人文藝術;生技抗老產業,結合環保綠能;精準醫學搭配基因健檢……等等都是。

一年建立萬人團隊左右自己的命運

其實,無論你身處在哪一個環節、選擇哪一種賺錢方式,大多數人都屬於「知識

工作者」。在彼得‧杜拉克的觀點裡，知識工作者是可以透過不斷學習提升自己的效能。當然，這也包括你的賺錢效率。

這一切都是你可以選擇的，但不論你的決定是什麼，不要讓他人左右你的生命、偷走你的夢想。

我們看過太多為他人期望而活的人。為了父母要考上好學校、為了養家要選一份安全穩定的工作，

為了升官加薪，再不快樂的工作都要努力撐下去。

不！你是可以有選擇的！

如果你不喜歡整天關在辦公室裡，那你可以試試看不一樣的領域。

如果你厭煩了創業的驚濤駭浪，那麼你也可以選擇投資別人，讓別人去驚濤駭浪，但是前題是要有屬於自己的閒錢。

記得……莫忘初衷。你所有選擇都只是一個過程，但是要知道自己最初和最終的目的是什麼。當你找到你熱愛的領域，你就會願意花時間去研究。你可以思考如何把熱愛的領域，結合到你現在的工作上。當你找到你的強項，你要靠著自我管理，在相關領域磨練一萬個小時，你就有機會能成為該領域的專家，甚至頂尖水準。當你能結合興趣、天賦專長，又想出讓大家都能贏的商業模式，你就可以準備開始進入下個階段：建立團隊。

在你觸及不到的地方
有一群人正默默付出

愛與陪伴～牽起人生的成就與價值

黃羊川飛揚傳愛珍珠計畫

珍珠若在泥土裡和一般小沙石沒兩樣 當有人發現了 把他撿起來好好養護他

這顆小沙石不僅變成一顆真正的珍珠 活出自己的價值影響他人

他們不需要我們豐厚的奉獻 要的是我們溫暖的陪伴

如果你無法長久的陪伴他們 就付出一點棉薄之力吧

聯絡人：唐有毅 電話：0920-320245 Email：amos460210@gmail.com 微信號：Amos2608

一年建立萬人團隊～啟動
獨一無二的成功事業

我們之前讓你看了三張牌,現在該是掀底牌的時候了。什麼是你獨一無二的成功事業?

你的成功事業是你專屬的、全世界唯一僅有的、沒有人可以偷走或模仿的——只要你願意遵照我們的方式、並認真和我們互動。

剛開始你的成功事業必須同時滿足三個條件,缺一不可:

★ **熱情**:你願意投注最多時間的領域。

★ **強項**:你時間投資報酬率最高的領域,而且極有機會成為領域中的典範。

★ **經濟效益**:讓你保有時間、錢——至少能活下去的領域。

這叫「柯林斯的刺蝟原則」。這邊提供關鍵字,表示你自己可以在網路上了解這個最頂尖的致富法則之一。

刺蝟原則是你成功致富的關鍵之一,在 Integrity、聚焦於貢獻與服務、問「為什麼」後,你要找到屬於自己的刺蝟原則。

這是你獨一無二、無可取代的優勢領域,你由衷感到很好玩、很酷、很有實用價值的成功事業。

當你從事你的成功事業,你會感到很開心、很有成就感,而且賺很多錢。

所以,我們要協助你找到自己的優勢領域,在你心中種下很好玩、很酷、又很實用的種子。

我們要請你畫出三個圈圈,上面一個,下面左右各一個,讓三個圈圈各自都有一部分和其他兩個圈圈重疊,最中間是三個圈圈同時交疊的部分。然後在第一個圈圈填上

熱情

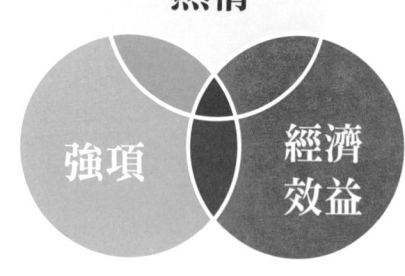

強項 　經濟效益

「熱情」；第二個圈圈填上「強項」；第三個圈圈填上「經濟效益」，當然，你也可以「想自己的辦法」。

　　接著，請你分別填滿這三個圈圈：馬上行動找到我們。

你對什麼事業充滿熱情？

你在哪個領域磨練一萬個小時，能達到該領域的世界頂尖水準？

你的經濟引擎靠什麼來驅動？

To Think, To Write

　　這三個圈圈可以讓你覺得工作很好玩、讓你成為世界最酷的人、讓你創造出對世界有實用價值的事。

　　三個圈圈中間重疊的部分，就是你的成功事業—獨一無二的成功事業。

　　刺蝟原則的三個圈圈可以應用在許多領域。以《航海王》的艾涅爾為例，艾涅爾擁有：

★ 轟雷果實的能力。　　　★ 見聞色的霸氣：心綱　　　★ 武術。

　　雖然靠轟雷果實這種 BUG 般的自然系果實，他的攻擊力、速度、防禦力都是最頂尖的，但他如果只依賴轟雷果實，魯夫也不會陷入苦戰。

　　正因為他擁有至少三種領域的才華，他的實力才如此雄厚。即便是「新世界」，

大概也很少有人能和他匹敵。

你也可以靠著三種領域的融合，發展出只屬於自己的優勢領域。就如同魯夫結合橡膠果實、武裝色霸氣、三檔一樣，創造出只屬於自己的必殺技「象槍亂打」，其破壞力足以毀滅諾亞方舟！魯夫很酷嗎？你也可以這麼酷！

再舉個例子。有許多小女生年輕貌美，身材姣好，不知不覺就被媒體稱為「網紅」、「宅男女神」，並開始接一些模特兒、外拍或通告的 case。但「年輕貌美」只是這些小女生的其中一項強項，而且會隨時間漸漸消逝。她們若想要事業長長久久，就必須盡快找到其他的強項，打造出獨一無二的優勢領域。她們可以學習舞蹈、唱歌、演戲或主持，成為某個領域的藝人，或者從寫作或繪畫等領域著手，成為美少女作家或美少女畫家。而這是她們的第二項強項。

當他們擁有兩項強項時，再添增第三項強項上去，就能創造別人無法模仿的優勢領域。但是最重要的還是在核心價值觀，與是否 Integrity。如果一個女生再美、再有才華，卻無法對社會產生貢獻、傳遞正面的能量，那就只會像商紂時代的蘇妲己一樣，被冠上千年罵名。

再以我們為例：

★ 我們熱愛航海王，也熱愛房地產。

★ 我們的強項是全世界最頂尖的華文教育訓練系統，而且都是在實戰中被證明有效的方式，我們善於實戰、建立系統與組織行銷。

★ 我們的經濟效益眾多，我們可以僅靠自己的強項輕鬆賺進大把鈔票，而教育訓練僅僅只是營收的最小部分。

當我們結合所學、結合強項、結合熱愛的事物，這一系列《當富拉克遇見航海王》就誕生了。我們的學院名稱 _____

這很好玩、很酷、又很有實用價值。這就是創新，這就是只屬於我們的成功事業之一。

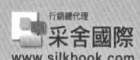

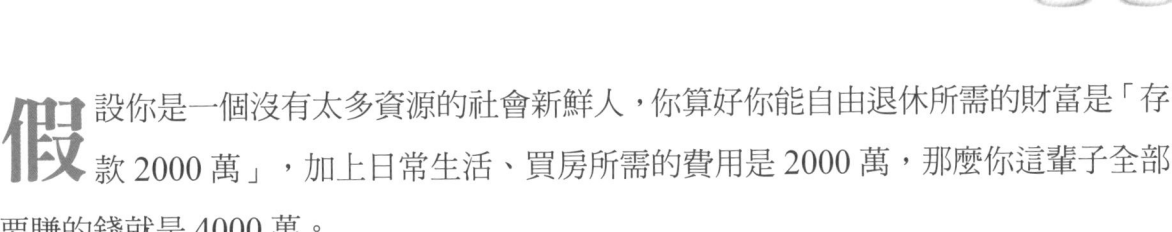

一年建立萬人團隊～
如何打造多重現金流？

假設你是一個沒有太多資源的社會新鮮人，你算好你能自由退休所需的財富是「存款 2000 萬」，加上日常生活、買房所需的費用是 2000 萬，那麼你這輩子全部要賺的錢就是 4000 萬。

你可以選擇先從上班開始累積第一桶金。你應該開始自行判斷，如果靠單一的上班收入，要花多久時間才能賺到 4000 萬？

如果判斷結果是「不可能」，那麼你要開始思考，累積第一桶金之後，我應該如何使用這筆資金才能發揮最大的效益？或者如何用別的方式賺第一桶金？

我有一個學生，大學畢業後工作三年，累積了 20 萬存款，他後來決定選擇房地產作為自己的致富工具。於是他利用下班時間，用三個月看了 100 間房子，然後開始歸納出一點心得。

但台北市的房價太高，不是入門者的他可以負擔的。於是他選擇較為偏遠的文山區、樹林地區作為起始點。

但在他進場之前，一樣用了一個月的時間，研究台北市、文山區、樹林地區的房價、人口購屋特性與產品特質，然後在選定第一間標的物後，向母親借

了 100 萬作為頭期款，開始實質操作房地產的買賣。

六個月後，這間房子讓他淨賺了 50 萬，等於他用 20 萬的資金，在六個月內創造了 2.5 倍的績效，開始了他多重收入的第一步。

另一個案例，是一個三十五歲的單親媽媽，礙於有兩個孩子要養，不敢輕易放棄月薪四萬五的工作，因為在台北要養活兩個孩子，壓力實在非常大。

但她沒有因此退卻，開始思考如何打造第二份收入。她曾經考慮多上夜班工作，也曾想過在假日的時候再多兼兩份差。

有一天她來問我，我給了一些建議之後，她忽然頓悟了：她發現就算她拚命地工作，在她有限的生命裡，也根本無法致富、退休過好生活。

由於她與孩子們都熱愛美食，但孩子卻十分敏感，只要吃到含乳製品、防腐劑、食材不新鮮或是人工添加物的產品，就會全身發癢。於是這個母親為了孩子，也為了省錢，經常做各式各樣簡單、美味、營養又實惠的料理。她決定開始研究能讓人真正健康的烹飪食譜。

她不是營養師、醫生或任何專業人士，但她卻願意在百忙的生活中，利用時間，全方位學習有關營養與成分的知識，最後甚至考到了營養師證照，還出了書。

她的書推出之後，造成極大迴響。漸漸地，書的版稅加上演講收入，開始可以讓她的生活收支平衡。

於是她計畫再出第二本、第三本書，讓更多人可以接觸到真正健康的觀念。同時，也打造自己的多重收入。

初期，她花了兩年研究營養與烹飪這個領域。雖然時間很緊、生活很忙，還要上班，又要照顧兩個孩子。

她也曾經思考過要放棄，可是每當她出現這個念頭，就問自己：如果放棄了，我會不會後悔？這樣的生活我快樂嗎？

她驚訝地發現雖然很忙，可是心裡卻有一種平安、寧靜甚至富足的感覺，於是她

決定繼續堅持下去,也因此才有後來的成就與收入。

你或許會說:「我不懂營養、不懂烹飪、不愛美食、不懂房地產,我怎麼有辦法打造多重現金流?」

關鍵不是你懂或不懂,而是你「願不願意」、「有沒有決心」。

這世界上一定有讓你感興趣與熱愛的事物,甚至,你買最多、花最多錢的地方就有可能打造你的第二收入。

可能是酒、蛋糕、衣服、內衣、書、CD……,你或許從來不覺得這些娛樂或這些事怎麼可能讓你有收入,但一旦你開始「想」,就有可能成為事實。因為「熱情」是你事業成功非常重要的一個關鍵。

只是有一個很重要的前提,就是你必須真的熱愛並且願意全心投入。

有的人會說:「有興趣不等於能賺錢,當一件事情變成職業的時候,這件事就會變得痛苦了。」

審核的標準只有一個,就是:如果不給你錢、不付你薪水,你還會堅持做下去嗎?

如果不會,那你不是真的熱愛這件事。如果是,這才是你應專注的領域。更何況,請思考一下,你真正熱愛現在手上這份工作嗎?如果老闆不給你錢、不幫你加薪,你還會願意持續做下去嗎?我想超過九成以上的人會回答不願意。但如果你都可以為了生計苦撐、活撐現在這份工作,又何必怕你真正熱愛的事變成一種職業?如果你真的暫時找不到把興趣變成收入的管道,我們很樂意向你提供「吃喝玩樂賺大錢」的資訊,讓你邊旅遊邊賺錢,一邊玩一邊賺第一桶金。詳情請參閱本書書末之優惠服務,或持本書至「台北市基隆路一段 190 巷 7 號」用餐,說明你的需求,我們會有很多朋友招呼你。

一年建立萬人團隊～讓你睡覺時也有收入

這其實就是我們前文所提到，你是付出一次努力、獲得一次收入？還是一次努力、獲得多次收入？

有的人會驚訝：睡覺也能有收入嗎？

答案是肯定的，想想看網拍上那些賣家，在睡覺的時候，有多少人瀏覽過他們的網頁、下標，並且購買東西？當你睡不著的時候，或許也曾替這些賣家們的收入貢獻過幾分努力呢！

還有，你是不是也曾在半夜的時候逛過誠品、博客來或新絲路網路書店？買了幾本書？這些作者們，不也是在睡覺的時候，獲得你貢獻給他們的收入？

還有三更半夜肚子餓的時候，你是否曾到便利商店買個豆漿、零食或飯糰？便利商店、食品製造商、飲料製造商的老闆，不也都可能正在睡夢中，賺到你的錢？

你租房子的時候，房東也不需要天天出現在你面前幫你整理被子、打掃家裡，可是你每個月也乖乖自動地付房租不是嗎？

有人常問：「做直銷能不能睡覺時也有收入？」 這讓我想起曾經有某家雜誌媒體訪問他：「請問 Aaron，您覺得傳銷是老鼠會嗎？」他笑著回答：「如果我說我是最大隻的老鼠頭，請問你還願意採訪我嗎？」

直銷是門好生意，它是一種被證明成功、有效的創業系統，我自己就是靠著多層次直銷從谷底翻身累積第一桶金，再投資房地產退休的。

又例如，網路是門好生意，想想看網購崛起之後，打造了多少團購人氣名店？

開一家店在台北忠孝東路與復興南路，每日經過店門口的人次，可能都沒有網購

一天的瀏覽率來得多。但網購的門檻越來越高，你必須要更聰明地行銷，才能打敗眾多競爭者。

所以答案是：睡覺的確會有收入，只是用什麼方式經營罷了！我們要強調的是，任何生意、任何收入開始時，你都要親力親為，才有可能打造後面「睡覺也有收入」的模式。當你的第一份收入駕輕就熟，開始準備第二份收入時，你要花百分之八十以上的時間與精力在第二份收入上面。所有的成功都不是一蹴可幾，有時甚至會經歷很長一段的潛伏期。這些經歷有可能被你視為低潮。但請相信這會是替你第二份、第三份收入做準備。

我在年輕時投入房地產領域，在破產之後，不能理解自己的人生怎麼會這麼失敗？

然後碰到很多奇妙的人與事，又輾轉到許多國家，最後到了新加坡，開啟多重收入的生涯。

八年前我回到台灣，用我學到的新技能再次從台灣房地產領域賺回第一桶金。

於是，我終於懂了。過去的經驗與低潮，是為了讓我學習很多事，是為了讓下一階段的自己，可以做更精準的判斷，成長導致了成功。

這些失敗是非常可貴的經驗，只要我們從中學習到自己性格上的不足與失敗的原因，並且找到貴人支援你，下一個階段，就可以開創另一個事業的高峰。

賺錢其實是一種「技巧」，
任何想致富的人都可以學得會。

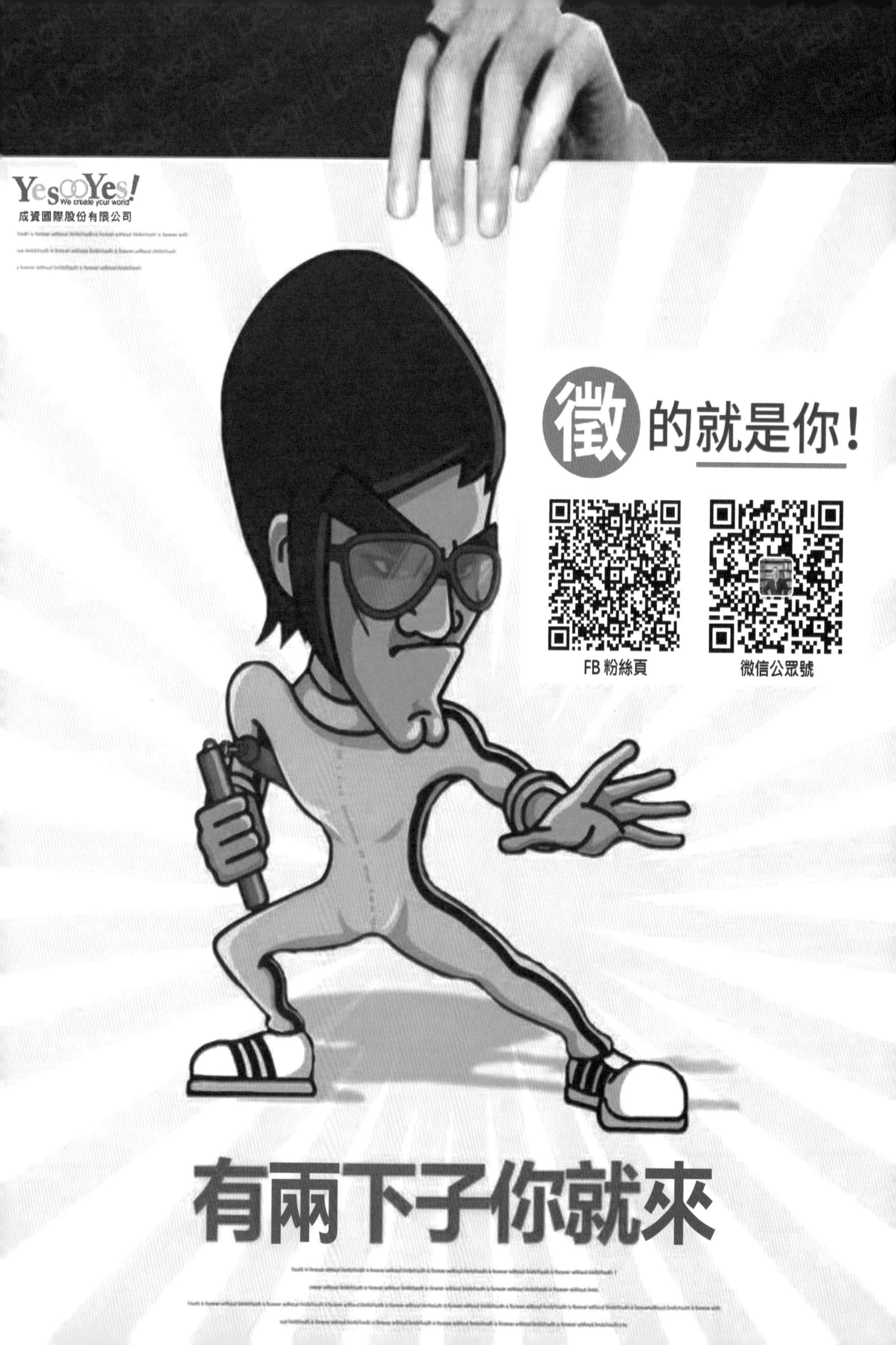

徵 的就是你！

FB 粉絲頁 　　　 微信公眾號

有兩下子你就來

Part 3

打造超強戰力，業務與事業大躍升！

How to develop your career

Brian Tracy

博恩・崔西

語 錄

The key to success is to focus our conscious mind on things we desire not things we fear.

成功的關鍵就是專心致志於我們所渴望，而非我們恐懼的事情。

The most important key to achieving great success is to decide upon your goal and get started, take action, move.

要達成偉大的成就，最重要的秘訣在於確定你的目標，然後開始做，採取行動，朝著目標前進。

團隊永續經營的五大力量

管理學大師說：「問對問題答案就會出現！答案其實都在你問的問題裡！」
我們都會怎麼問自己問題呢？一般人都是這樣問的——我怎麼那麼倒楣？我怎麼
那麼笨？我怎麼落到今天這般的田地呢？

而那些在每一個領域中的精英人士他們遇到問題的時候，通常是這樣問自己的
——

我要如何衝破層層難關？

在人生低潮的時候我怎麼樣遇見貴人？

那我應該具備哪一些特質，才可以脫穎而出？

所以每一個問自己的問題都會產生出一連串有力量的文字，只是這些文字不是讓
你「向上提升」就讓你「向下沈淪」，你應該從今天開始就問自己如何向上提升的問題。

好的領導人能提供答案，但是偉大的領導人會問正確的問題！

問對正確的問題，能幫助成功的團隊變得更成功！更卓越！

接下來，我會問你五道團隊組織存亡的關鍵命題，這也是團隊永續的五大力量，
如果你不去探索其中的答案，你就無法走到終點，來到夢想的「迦南美地」。

這個簡單過程的最終受益人，會是那些與你的組織團隊及其他與組織有往來的人
或顧客。用心想一想這五道問題將能徹底改變你的工作方式，幫助你帶領你的團隊創造
更傑出的表現。

問題一：我們團隊的使命是什麼？（我們存在的目的是什麼？）

你需要答案，是因為你需要採取行動，但是領導人最重要的是提出正確的問題。「我們的使命是什麼？」這個問題關乎組織存在的理由與價值，而非組織「如何」存在。一個團隊要有使命，方能激勵人心。

Q1：當前的使命是什麼？

Q2：我們現在的挑戰是什麼？

Q3：我們現在的機會是什麼？

Q4：需要重新審視現有的使命嗎？（現有的使命，是應該要隨時檢視的）

成功的關鍵

★ **使命應該要能印在 T 恤上**：

有效的使命宣言是簡短且切中核心的。把使命印在 T 恤上，讓你知道你「為什麼」該做你正在做的事，而不是你要用什麼方法來做事。

★ **做出有原則的決定**：

千萬別為了錢，而讓使命退居次要地位。假設某些機會會威脅到組織或團隊的誠信，你必須斷然拒絕那樣的機會。否則，你便會出賣你的靈魂。

★ **努力把事情想得通透**：

把「我們的使命是什麼？」這個中心問題始終放在心上。一步一步地，你會分析出挑戰與機會、辨認出你的顧客、了解他們重視的是什麼，並且知道如何定義你的成果。當發展計畫的時間到來，你就可以帶著這些發現重新去檢視你的使命，看看是要維持或改變它，然後才能從優秀走入卓越的領域。

問題二：我們的顧客是誰？（不是每個人都是我們的顧客）

在商業界，顧客是你必須了解的對象，假設你無法使你的顧客感到滿意，你如何取得業績、獲得成果，而且很快地，你就沒有生意可做。

Q1：我們的長處、能力與資源和這些顧客的需求相符嗎？

Q2：我們的顧客改變了嗎？（顧客會隨著時間，改變需求的）

Q3：我們應該增加或刪除某些顧客嗎？

Q4：誰是我們的主要顧客？

Q5：誰是我們的次要（支援）顧客？

Q6：我們的顧客會怎樣變化？

★ 辨識主要顧客：

列出使用組織產品或服務的所有人清單，根據相關資料判定哪些顧客有無能力或意願支持你的組織存續下去。

★ 辨識次要（支援）顧客：

支援顧客包括會員、合作夥伴、員工，以及其他人等，這些在組織內部或外部的人都必須被滿足。

★ 了解你的顧客：

顧客絕不是靜態的，顧客總是超前你一步，因此我們必須「了解你的顧客」。甚至像賈伯斯所說的，比顧客更了解顧客。

問題三：顧客重視的是什麼？

顧客重視的是什麼？這個問題只有顧客自己才能回答，領導者不該試圖猜測顧客心中的答案，應該透過系統性的探測，從顧客那裡找出答案。

Q1：我們認為我們的主要顧客和次要顧客重視什麼？

Q2：我們需要從顧客那兒獲得什麼知識？

Q3：我預期我們會透過什麼方式得到這種知識？

成功的關鍵

★ 了解你的假設：

從假設開始，找出你相信顧客重視些什麼，再將這些信念和顧客真實的說法做比較，找出歧異之處，並評估成果。

★ 你的主要顧客重視什麼：

顧客重視一個組織是否認真看待其反應與回饋，是否有能力解決其問題，是否能做到符合顧客的需求。

★ 你的支援顧客重視什麼：

同樣必須瞭解你的支援顧客重視什麼，才能讓組織順利運作並發展壯大。

★ 聆聽顧客心聲：

認真看待顧客重視的事物，當成是客觀的事實，並且確保顧客的聲音在組織的決策中佔有一席之地。

問題四：我們追求的成果是什麼？

成果是組織存活的關鍵，領導人所做的每一件事，都是為他們的顧客創造價值，管理的目的是為了實踐，而檢視實踐的真理便是「成果」。

Q1：我們成功了嗎？

Q2：我們該如何定義自己的表現？

Q3：我們有哪些地方是必須加強的？

Q4：哪些必須是要放棄的？

成功的關鍵 👍

★ 著眼於短期成就與長期變化：

應思考如何為組織定義成果，並持續觀察短期成就與長期的變化。

★ 質化與量化評量：

成果應該能透過質化與量化的方式進行評量，應思考我們達成多少程度的成果？

★ 評估你該強化或放棄什麼：

組織應透過評估瞭解哪些事該強化，哪些該放棄，瞭解我們善用資源的程度。

★ 領導是要負起責任的：

　　領導人應決定組織要追求的成果為何，資源集中於何處，且領導人必須負起責任，決定什麼該被評量與裁定，以確保達成有意義的成果。

問題五：我們的計畫是什麼？

　　如果沒有一套很好的計畫，就不會有良好的結果，計畫統合了組織的目的與方向，這份計畫應包括使命、願景、目的、目標、行動步驟、預算，以及評價。

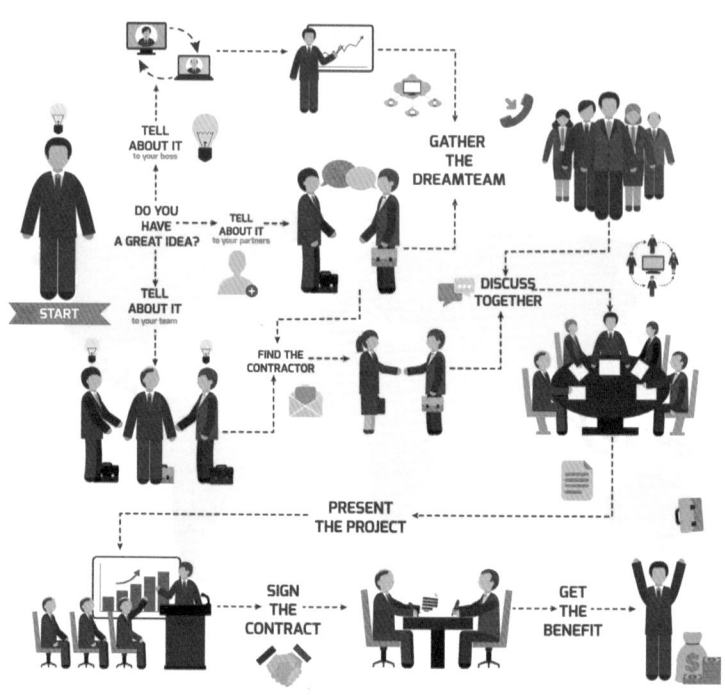

Q1：我們的計畫是什麼？

Q2：我們的使命是否需要修正？

Q3：我們的目標是什麼？

Q4：每個計畫的 5 個問題是？

Q5：精準描繪 5W 人事時地物

是建立團隊優先？還是先培養「領導人」的特質？

Seven Qualities of Master Achievers

領導力的七個特質 ：

1. **Ambitious: they seem themselves as capable of being the best.**

   ＿＿＿＿＿＿＿＿＿＿：他們認為自己有能力成為＿＿＿＿＿＿＿＿＿的人。

   · TOP 20% of people earn 80% of the money.

   ＿＿＿＿＿＿＿＿＿的財富，＿＿＿＿＿＿＿的人賺。

2. **Courageous: they work to confront the fears that hold most people back.**

   ＿＿＿＿＿＿＿： ＿＿＿＿＿＿＿＿＿讓大多數人裹足不前，他們卻勇於面對。

3. **Committed：they believe in themselves， their companies， their products/services， and their customers.**

   ＿＿＿＿＿＿＿：他們相信自己、公司、產品、服務及客戶。

   · Caring is the critical element in successful business and selling.

   ＿＿＿＿＿＿＿是成功事業與銷售的關鍵。

4. **Professional: they see themselves as consultants， not salespeople.**

   _專業_ ：他們視自己為 _顧問_ ，而非業務人員。

   · 如何成為顧問？視自己為顧問 （名片的抬頭）

083

5. **Prepared: they review every detail before every business meeting.**

_____：開會前，他們會先審視每個 _____。

我準備好了，完全準備充份。

好處：提升自己的自信；讓客戶看得見。

6. **Continuous Learners: they read，listen to audio programs and take additional training.**

持續不斷地學習：_____

7. **Responsible: they see themselves as the President of their own personal services corporation.**

該忠於「公司」？還是趨勢加上系統？

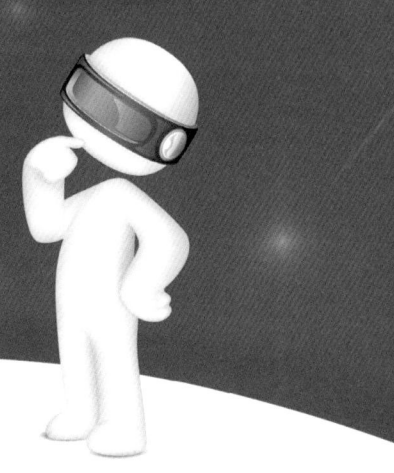

我剛剛進入直銷的時候，雖然還是個菜鳥，但是因為做過傳統生意，加上房地產的訓練，我知道每 10 到 12 年，會有一個產業變革，直銷也是一樣，所以我在新加坡就掌握了新的趨勢，一年之內打造萬人團隊，從負債到退休，如果你掌握了這樣的契機，你也可以和我一樣得到類似的結果。

① 消費產品的趨勢改變

營養保健從原本地吞維他命，到後來變成果汁用喝的，再後來還有人做成貼布，這是消費者消費產品使用上的趨勢改變。（當然，還有「時間差」的趨勢，未來將有專文詳述）

② 消費通路的趨勢

此外，以前大部分營養保健品集中在直銷公司、西藥局，現如今 Costco、7-11、網路購物……，都賣起了保健產品，消費者的選擇通路更多、更廣。

③ 消費型態的改變

經濟好的時候，消費者對價格並不敏感，但近年來消費型態產生很大的變革，人們追求高品質低價格的服務，所以以前一瓶營養果汁一千多元，現在只要三百多就買得到，消費者偏向選擇這些更便宜且更有品質保障的產品。

④ 直銷產業的趨勢

以往大多數的直銷切入的是保健品、美容品、環保居家用品……，現在有直銷公司開始切入旅遊的市場，為什麼旅遊是新一波的趨勢？看看 Facebook 上有多少人 po 吃喝玩樂的照片？ Airbnb、Agoda、Booking.com……，有多少與旅行相關的平台出現？台灣出入境人口比十年前翻了一倍、旅遊型態的部落格與社群暴增、你是否發現你周遭的朋友開始一天到晚出國？

你發現了嗎？市場變化的速度快到令你無法想像，我們已經不能再用 20 年前的方法去看待直銷市場，你該效忠的不是公司，而是市場趨勢，市場有上千家直銷公司，你有認真比較過哪一家產品比較厲害嗎？如果你跟著趨勢走，會讓你在這條路上輕鬆 6200 倍，因為營養保健品的全世界市場有 2600 億美金，競爭者有上千家，旅遊業則有至少十兆美金的產值，卻只有一家最知名的直銷公司。

此外，你該效忠的還有訓練系統。

直銷的系統最早源自於美國 WorldWide DreamBuilders（正統美國 642 系統的全名——非台灣一般自稱的「642」）。無論是 A 公司、N 公司，他們最大的業績，都是源於這個系統，我也是被這個系統訓練出來的，才能在一年內打造萬人團隊。

好的系統具備以下兩大條件：

1. **對的價值觀：**直銷不會讓你一夕賺大錢，更不是讓你用來炫富的工具，一個好的直銷系統，會給你對的價值觀，告訴你建立一個組織正確的方法和步驟。

2. **簡單而有效的教育訓練：**就像麥當勞、星巴克……等連鎖企業都有他們的教育訓練系統一樣，好的教育訓練可以把一個菜鳥變成領袖，最重要的是——有效！你可以看到一個人在系統裡的轉變，變得懂得體諒別人，學會如何創造業績，並且有使命與責任感，同時他也可在系統裡賺到錢。

642WWDB
成功八部曲

在美國全名叫 WorldWide DreamBuilders，簡稱「642 WWDB」。

在直銷界，若是講到系統，一定會提到「642」。「642系統」彷彿是直銷的成功保證班，當今業界許多優秀的領導人，包括雙鶴集團的全球系統領導人古承浚、如新集團的高階領導人王寬明、何老師、馬老師、成資國際的 Aaron Huang……等，均出自這個系統，更有人以出身 642 為傲，因為它代表著接受過完整且嚴格的訓練，擁有一身組織行銷的好本領。究竟什麼是「642」？為什麼它可以成為卓越系統的代名詞？

「642 WWDB」系統是創始於美國安麗公司的團隊，1970 年，Bill Britt 加入安麗公司，1972 年，Britt 成為安麗鑽石級直銷商，而在 Yager 的下線中，除了 Britt，另外還有兩位鑽石，加上他自己，總共是四位鑽石。

到了 1976 年，Britt 覺得這椿生意越來越難拓展，六年來，他的下線當中不但沒有新增加的鑽石，反而連自己鑽石的寶座都難以維持。

於是，他們開始思考問題所在：直銷事業是不是只有少數有特殊才能的人才有機會成功？因為，事實顯示：Britt 用了兩年時間成為鑽石，但另有許多幾乎與他同時期開始的下線夥伴，經過五～六年都還不能成長、提升上來。1976 年，他終於找出突破瓶頸的關鍵──「倍增時間開分店」──複製系統（Duplication System）。

最古老最神秘的書籍非《聖經》莫屬，《聖經》上有關激勵與信心的章節超過 500 篇，談論有關財富的章節超過 2000 篇，是第一個教導複製十

夫長、百夫長、仟夫長的系統書籍……。有一群牧師、傳道人就把《聖經》的智慧結合商場實戰經驗,「G12」細胞小組「複製系統」就變成了一個龐大卻神秘的組織——Worldide DreamBuilders(以下簡稱 642WWDB)。Bill Britt 就是那一群有智慧的基督徒之一,後來為了服務組織內部廣大會員,642WWDB 成立了自己的連鎖餐廳,讓廣大會員到處可以優惠用餐;因為賺很多錢,所以 642WWDB 成立了自己的銀行和保險公司;為了讓廣大會員開車可以到處加油,他們購買了自己的連鎖加油站,為了讓廣大會員可以環遊世界,642WWDB 擁有許多自己私人飛機、買下許多小島、為了讓大家住在一起,所以建造了鑽石村……。

這個組織以教育訓練為基礎,造就無數百萬富翁,會員超過 60 萬人,包括《富爸爸、窮爸爸》作者——羅伯特‧清崎,潛能激勵大師——安東尼‧羅賓,《有錢人想的跟你不一樣》——哈福‧艾克;華人知識經濟教父——黃禎祥(AaronHuang),黃禎祥笑著說:「642WWDB 的老師們說:『全世界最會做組織的,是耶穌基督。因為他收了 12 門徒,現在全世界有 1/3 的人成為基督徒。』

所以他們也拿《聖經》的智慧建立一套系統,用來協助直銷公司組織倍增,後來這套系統就成為大家聽過的『美國 642』。

不過 642WWDB 真正的核心是「門徒培訓」,所以這套複製系統也適合用在建立有核心價值的傳統產業。」而我自己也是靠著這套複製系統,一年內在陌生的城市從一個人創造一萬人團隊,從谷底翻身退休,受惠於這套系統。

「我們都很感謝 Bill Britt 與 Bill Gouldd『642WWDB』,只有親身經歷這種翻轉命運過程的人,才知道錯過的人損失有多大!『642WWDB』的老師們無私地奉獻他們的智慧,該是薪火相傳的時候了!」至於選才的標準呢?黃禎祥堅定地說:「最重要的是態度、決心,還有核心價值觀!這是一條通往偉大的航道的必經路程!」

「642WWDB」已經在 2015 年全面中文化訓練!有興趣、有熱

情、有決心的，歡迎加入我們篩選的行列！報名專線：(02) 5574-0723 或 0906-642-999。

許多人研究複製的理論，但真正因複製而獲益的人不多，因為幾乎沒有幾個人徹底瞭解「系統複製」的精神與《聖經》有關。但是，從 1976 年開始 Bill Britt 有突破性的發展，到 1982 年，同樣約六年，他的組織網中共產生了 45 位鑽石。

當時 Britt 的私人飛機就印著 642，所以就冠上 642，做為系統的名稱。

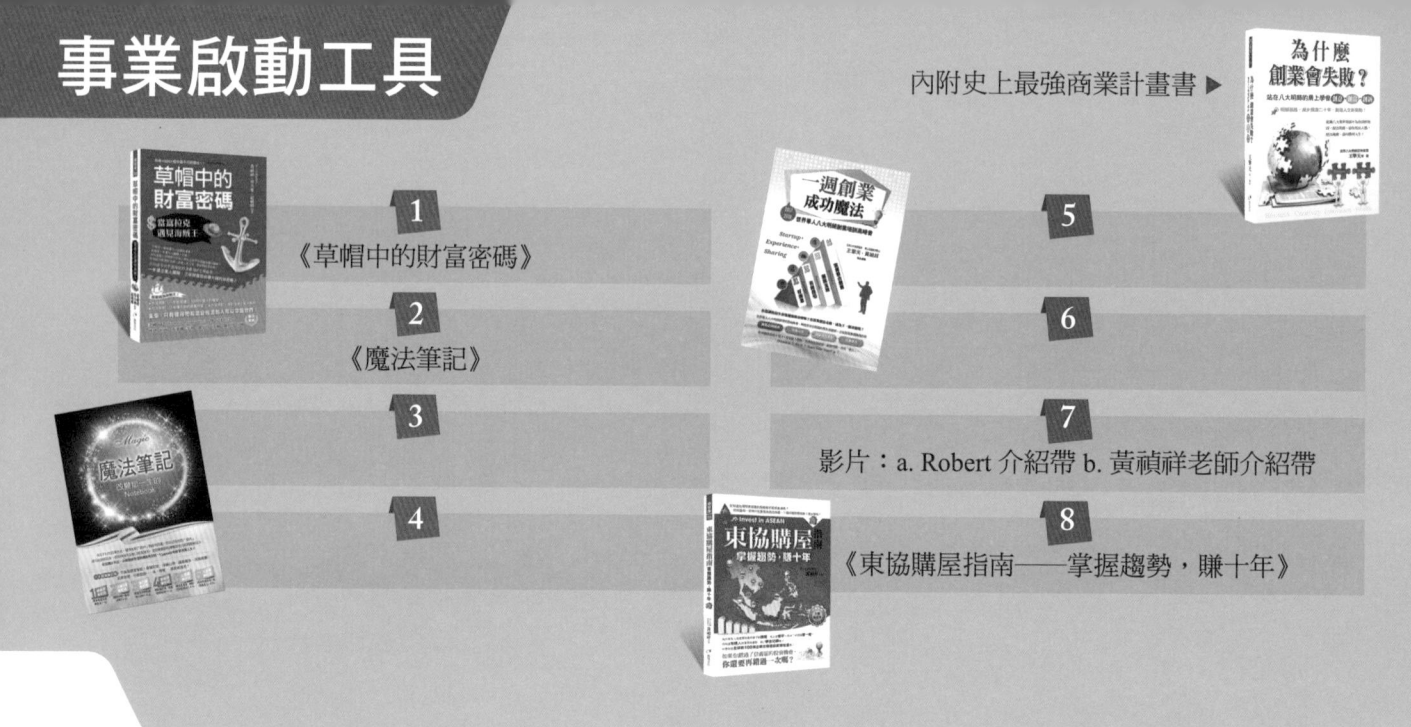

事業啟動工具

內附史上最強商業計畫書 ▶

1　《草帽中的財富密碼》

2　《魔法筆記》

3

4

5

6

7　影片：a. Robert 介紹帶 b. 黃禎祥老師介紹帶

8　《東協購屋指南──掌握趨勢，賺十年》

我的學習護照

了解你的優勢

A. _____

B. _____

C. _____

D. _____

定時定點聚會

主題：_____

人：_____

事：_____

時：_____

地：_____

物：_____

加入
Team 101 準備工作
2DAY

1　3

2　4

誰能幫我

推薦人：
所在區：
聯絡方式：
能幫你的地方：

上層輔導：
所在區：
聯絡方式：
能幫你的地方：

地區輔導：
所在區：
聯絡方式：
能幫你的地方：

我認識誰

成功 8 步準備工作

啟動你的後台 Xofficer 網站：

設立目標：

短期：

中期：

長期：

明白「概率遊戲」的道理和如何衡量你的成績

第1步
DREAM

夢想

1

真心渴望的夢想，樹立人生 8 大目標

健康 ・ 時間和財務自由 ・ 家庭幸福 ・ 協助他人提升自我價值 ・ 回饋
社會 ・ 學習成長 ・ 我的理想生活品質 ・ 我的事業規模

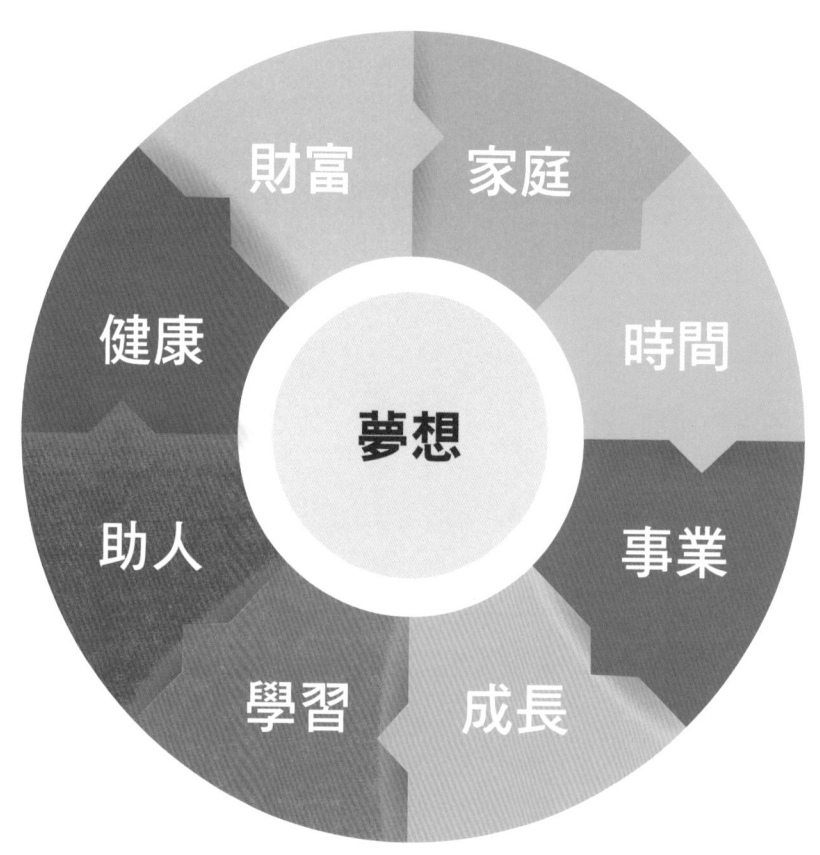

凡勞苦重擔的人可以到我這裡來，我就是你們得安息。
《馬太福音 11：28》

第 2 步
COMMIT

承諾

決心的 4 個等級

01.
_____

02.
_____

03.
_____

04.
_____

事業起飛 / 推薦 4 位

01.
_____

02.
_____

03.
_____

04.
_____

Team 對你的承諾

你對 Team 的承諾

啟動的 3 個問題，你能不能……

01. 承諾在首 1 個月內，建立 64 個領袖，成為黃金會員？

02. 承諾在首 1 個月內，學習兩個技能：商機說故事和邀約，
每個月重複消費？

03. 承諾在首 3 個月內，學會網路陌生開發，應用中國市場，
複製你的團隊說故事和邀約，成為黃金會員？

_____

如果您能承諾以上 3 件事，我們可以保證您 100% 成功！

101 領袖 / 4 位黃金會員

01.
_____

02.
_____

03.
_____

04.
_____

您認識誰？

分類法方式：親友 / 鄰居 / 校友等
職業法方式：商人 / 醫生 / 教師等
結識陌生人

列名單 3 個原則

1. 不論斷他人，但要價值觀相近
2. 先求量，再求質，量大是致勝關鍵
3. 重視每個名單的需求

編號	姓名	電話	職稱

真心為了幫助客戶得到幫助，問自己為什麼我的朋友一定要加入 Team101？

打電話邀約 **8** 個注意事項？

先學習｜儘量快｜要興奮｜邀一對｜二選一｜別遲疑｜勤諮詢｜說清楚｜

打電話邀約 **3** 個原則

不卑不亢，不要求人，知道自己團隊的優勢
電話上三不談：公司／產品／制度
專業化，不要強迫、誤導別人來

身邊的 **6** 個朋友，影響你的一生

編號	姓名	電話	職稱

第4步
INVITE

INVITE

面對親朋好友和熟悉的對象

邀約常問問題解答

問：

答：

編號 / 姓名	電話	1 對 1 溝通	2 對 1 溝通	A.B.C 總類	跟進行動

邀約

面對不熟悉的對象

身邊 **6** 個朋友，影響你的一生 / 了解團隊優勢

問：

答：

編號 / 姓名	電話	1 對 1 溝通	2 對 1 溝通	A.B.C 總類	跟進行動

第5步
STP

STP

每週 5 件事

01. 每週 7 ～ 10 次以上 S.T.P   02. 準備工具 / 展示資料、表格、影片、你和名人或領導人的合照 /

03. A.B.C 法則 / 扮好 B 角色 /   04. 上層領袖做首 2 ～ 5 次集會 / 自己趕快學會獨立 /

05. 注意服裝儀容

3 個原則

01. 先求量、再求質   02. 推薦 3A 客戶，不要推薦懶人   03. 夥伴的夢想比你的夢想更重要

10 分鐘事業面試流程

重點 1. 你的心態正面積極嗎？

重點 2. 你喜歡結交新朋友嗎？

重點 3. 你熱愛學習嗎？

重點 4. 你對賺大錢有興趣嗎？

重點 5. 你看到商機會興奮嗎？

最重要的 S.T.P.：說故事

A. 你和團隊的故事

B. 你自己的故事

STP
your dream story

5

打分數 / 一個一分

☐ 1. 給對方有與領導或名人合照的名片
　　或自己或組織或領導人的書

☐ 2. 用筆引導對方的注意力

☐ 3. 簡單解說 3 個重點

☐ 4. 每講完 1 個重點，利用一個小締結

☐ 5. 把焦點放在對方的需求

☐ 6. 讓對方把問題留到最後才問

☐ 7. 3 分鐘內講完一個小故事

☐ 8. 語氣要有興奮度

☐ 9. 保持對方眼睛注意力和微笑

☐ 10. 姿態有信心

☐ 11. 能夠在 5 分鐘之內回答有關獎金制度的問題

☐ 12. 能夠使用 A.B.C 成交法

☐ 13. 能夠有信心地回答疑問

☐ 14. 能夠解答疑問後的重複締結

☐ 15. 利用《成交的秘密》與相關技巧

☐ 16. 重複締結最少 7 次

☐ 17. 利用 2 選 1 技巧成交

☐ 18. 問對方哪一部分不清楚？

☐ 19. 馬上培訓新人列名單和邀約

☐ 20. 馬上進行成功八步複製

跟進

101 計畫常見問題

01. 我太忙了,沒有時間

我同意你的看法,因為我以前也跟你一樣,所以我問自己「如果我只需要投資每週2到3小時來參與這個計畫,但是它給我帶來的回報是時間和財富的自由,是否值得我投資一點時間呢?」Aaron 告訴我們,未來人人都要有一份 Part Time Business,你同意嗎?

02. 我沒有錢參與這個計畫

我同意你的看法,因為我以前也跟你一樣,所以我問自己「這個計畫需要多少投資和多少風險?」我們看看,一年 365 天,一次性投資 25000 元,一個月投資健康 5000 元,那不是一天少花 200 元,就能和頂尖大師學習!而且回報有可能月收入沒有上限,這麼棒的計畫,你還在等什麼?

03. 我不喜歡賣東西或做銷售

我同意你的看法,因為我以前也跟你一樣,所以我問自己「我需要成為銷售員嗎?」101 計畫不是說服朋友買東西,我們是幫助朋友跟隨大師腳步……。你的工作只是負責邀約對的人來了解這個計畫就行了。

04. 我沒有那麼多朋友

我同意你的看法,因為我以前也跟你一樣,所以我問自己「系統團隊是否提供培訓,教我如何提高我的社交圈子?答案是有的。系統經常提供專業的培訓,讓我們提升自己,學習如何用各種方法認識更多人。例如用網路、臉書、部落格成為他人信任的人……等

等高科技工具和平台開拓全球市場。如果這些不是問題是否就能成功了？」

05. 這是不是傳銷

我同意你的看法，因為我以前也跟你一樣，所以我先請教你的看法「你覺得什麼是傳銷？」

_____ 是傳銷嗎？當然囉！而且他還是少數能正式取得中國直銷牌照的公司！我不知道你的直銷經驗怎麼樣，可是我的直銷經驗棒透了！而且 _____ 只是我們建立現金流的一種平台，真正的目標還是投資股票與房地產，打造多元收入計畫！

06. 我以前試過這種行業但是失敗了

我同意你的看法，所以我告訴我自己「以前和現在永遠不一樣。因為事業成功需要四大關鍵 ①好公司 ②好的行銷企劃 ③好的系統團隊 ④好教練。現在這四大因素都齊全，成功的問題只在於你要不要成功了。我們不是單打獨鬥，我們是團隊合作，一起成功！讓我們一起來吧！」

07. 我需要與我太太 / 先生商量

我同意你的看法，所以你可以約他來見我們，但是你不要介紹這個計畫，由我們來介紹。最重要的是，你是否相信自己？這是你自己的夢想，我相信你應該是一位能夠為自己做出人生決定的男人 / 女人對嗎？

08. 我要問問我的朋友……

我同意你的看法，我以前也差點犯了這個錯誤。你想想，他們聽你講了一定會問你「你賺錢了嗎？你的團隊有多少人啊？」你那時候就卡住了。這是錯誤的方法。如果你今天加盟了麥當勞，你還必須上一年的專業培訓才能開始經營你的麥當勞。這個生意也一樣，你一定要以身做則，先加入，先來學習，才能以正確的方法來執行你的計畫，你同意嗎？

09. 我要先找 4 個人，我自己才加入……

我同意你的看法，但是你想想。你的朋友會問你「你加入了嗎？」如果你說你還沒加入，他們也會複製你的回答「哦，那麼我們也先等找到四個人了才加入……」那麼，你等我，我等你，結果是沒有人會加入了！！！你一定要相信正確的方法是以身做則，先加入，才會有人跟著你加入。

CHECK PROGRESS

每週 / 首 8 週 請在空格裡打勾或填寫數字，每週都必須檢查你的下線進度

8 週──每週 6 分鐘診斷法

首 2 分鐘～為什麼做？
為什麼參與這個計畫，理由是什麼？

第一週	第二週	第三週	第四週	第五週	第六週	第七週	第八週

接下來 4 分鐘～檢查行動圈

a. 還有沒有名單？　　　b. 講計畫的次數和效果如何？
c. 邀約成功率如何？　　d. 跟進情況如何？

日期 ＼ 進度	成交	建立名單	邀約 講故事	錄音 做筆記	讀書學習	產品影片	潛意識

檢查進度 7

3 個重要指標

01. 能獨立說故事、分享 101 計畫的人數？
02. 參加會議的人數？
03. 工具的流量

夥伴名							

DUPLICATE

五大文化	01	02	03	04	05	06	07	08
誠信								
尊重								
推崇								
感恩								
協作								

畫組織圖：

複製

請在空格裡打勾或填寫數目字，每週必須檢查你的下線進度

成功八步	01	02	03	04	05	06	07	08
夢想								
承諾								
列名單								
邀約								
跟進								
STP								
檢查進度								
複製								

學習五步驟
LEARN FIVE STEPS

1. **學　會** ・最好的投資就是投資自己的腦袋。

2. **學會做** ・檢視實踐唯一的標準＝成果。

3. **學會教** ・最好的學習＝教導別人做出成果。

4. **教會學** ・就是要學・做・教。

5. **教會做** ・謹記：一個人的價值應該看他貢獻什麼？
而不應該看他取得什麼，同意嗎？

超越巔峰

1. 提供完整的資訊，訓練（基於交換原則付費）。

2. 解「答」問題（非解決問題）。

3. 這個事業會上行下效，以身做則好複製。

4. 只傳遞正面訊息

勇往直前

1. 使用產品（為生活注入生命 make a living…living…）。

2. 每日微信，LINE 訊息給你的工作領袖，回報進度。

3. 好好聽，好好傳。

4. 與人交談，發現客戶的需求 FORMHD。

五項規則
FIVE RULES

1. 使命第一、團隊第二、個人第三、永不背棄團隊成員。

2. 不批判、不論斷、不借貸、不作保。

3. 不准發展不正常的兩性關係。

4. 尊重自己時間（新創意與上級討論）。

5. 凡事感恩與正面解讀（不正面不往下傳）。

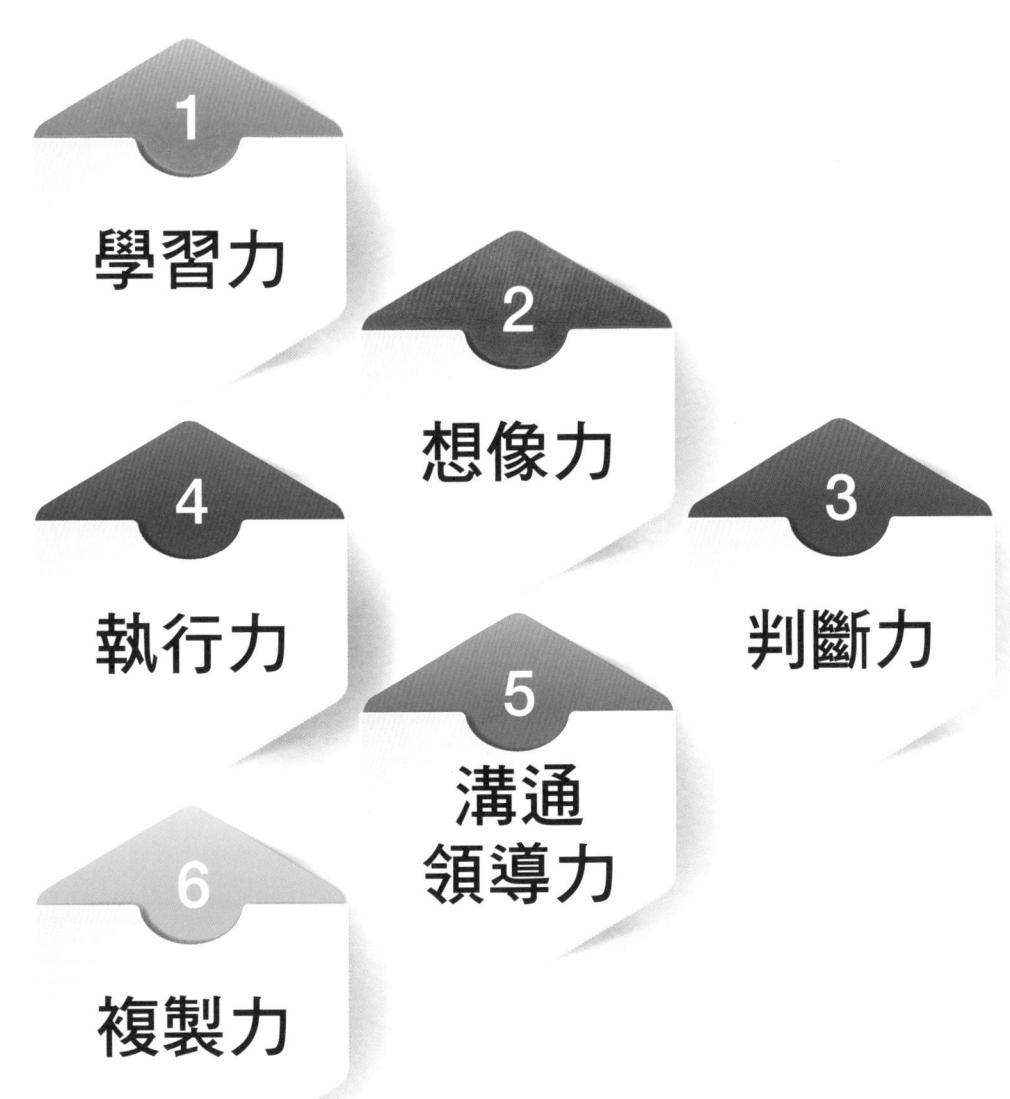

每日七件事
SEVEN MISSIONS

 1. 幫助別人得到幫助才成交他。

 2. 建立名單（新人啟動步驟）。

 3. 邀約，講故事。

 4. 錄音，做筆記。

 5. 讀書學習15〜30分鐘。

 6. 觀賞公司產品影片15〜30分鐘。

 7. 自我暗示（潛意識）。

成功行動查核表

內容 頻率	1 幫助別人得 到幫助	2 建立名單： 新人啟動 步驟	3 與指導上層 電話連絡	4 聽 15 分鐘 CD（上課）	5 讀書學習 15~30 分鐘	6 看公司產品 影帶 15-30 分鐘	7 自我暗示 （潛意識）
1							
2							
3							
4							
5							
6							
7							
8							
9							
10							
11							
12							
13							
14							
15							
16							
17							
18							
19							
20							
21							
22							
23							
24							
25							
26							
27							
28							
29							
30							

内容 頻率	1 幫助別人得到幫助	2 建立名單：新人啟動步驟	3 與指導上層電話連絡	4 聽 15 分鐘 CD（上課）	5 讀書學習 15~30 分鐘	6 看公司產品影帶 15-30 分鐘	7 自我暗示（潛意識）
31							
32							
33							
34							
35							
36							
37							
38							
39							
40							
41							
42							
43							
44							
45							
46							
47							
48							
49							
50							
51							
52							
53							
54							
55							
56							
57							
58							
59							
60							
總計							

什麼是你團隊的「使命宣言」與「榮譽典章」？

擁有榮譽典章的時候到了

這世界上充滿著害怕成為冠軍的人們！

因為他們害怕成為冠軍。只是因為他們害怕成為冠軍之過程，

所必須付出的努力和決心，但是你們不是這種人，

現在就勇敢走出去成為冠軍！

活出最棒的自己，因為你就是最棒的！

這個世界因為有你而更美好。

1. 使命第一

☆ 致力提高與我們接觸過的每一個人的生命、生活、生計品質。

☆ 以身作則，每個人都要身體健康、腦袋健康、口袋健康、靈魂健康。

☆ 每個人都要五維管理，落實五項禁忌，幫助客戶得到幫助，發現客戶的需求並滿足他。

2. 團隊第二

☆ 尊重自己與團隊最稀有的資源：時間（提早到場並協助團隊）。

☆ 把焦點放在夥伴的優勢領域上，協助夥伴超越他原本在績效與個性上的限制。

☆ 時時把焦點放在團隊的需求上，個人的需求與機會就會更豐盛產出。

3. 個人第三

☆ 所有人要力求成長，成長才能成功，同時期許自己成為領域的典範與他人的祝福。

☆ 所有人都要提早知道自己最能替團隊創造的貢獻是什麼，並知道自己是否被擺在對的位置。透過多問、多交流、互動、互助。

☆ 所有人都要知道，如何把自己提供的資源轉化成對使命（任務）與結果的實質貢獻。

4. 專注貢獻

☆ 團隊要直接看到成果。我們最有價值的成果便是：幫助了多少人。

☆ 團隊要信守核心價值，並且一再重申我們的核心價值。

☆ 團隊要培育接班人，尋找優秀的新血，並提升所有夥伴們的知識與經濟水平。

5. 時時感恩 / Integrity

☆ 愛人，愛神。

☆ 凡事感恩，力求豐盛的交換法則。

☆ integrity：我想的、我說的、我感覺的、我相信的與我做的，都是真誠一致的。

6. 全力以赴 / 追求卓越

☆ 全力以赴，真誠追求卓越，用心成長、貢獻。

☆ 忘記背後，努力向前、奔向標竿。Fighting! Fighting! Fighting!

☆ Try, Try, Try! Do, Do, Do! Now, Now, Now!

當我說『我是基督徒時』…

當我說『我是基督徒時』…

當我說：我是基督徒時
我並不是在叫喊著"我已得救"
我哪裡與眾不同

而是在低調低聲的說
"我曾經迷失過"
我無法掌握自己
所以，我把自己交給上帝
所以，我選擇了這一條路

當我說：我是基督徒時
並不是因為我覺得比你高一等
而是，承認我一直在蹣跚而行
所以，我需要一位生命中的嚮導-耶穌基督
帶領我去祂要我去的地方

當我說：我是基督徒時
我並不是在顯示自己很強壯
而是，在承認自己的軟弱
並祈禱，尋求，上帝給我勇氣
和繼續前進的力量

當我說：我是基督徒時
我並不是在吹噓我的成功
而是，承認自己的失敗
並且沒有能力償還所背負的債
所以，我只能信靠神

當我說：我是基督徒時
我並不是在自我宣稱，我是完美的
而是讓你看到
我生命中的瑕疵是這麼的明顯
但上帝相信我是有價值的
請主繼續使用我，成為祂合用的器皿

當我說：我是基督徒時
我還是會有恐懼，會有軟弱
會感到痛如針刺
但我有天父來分擔我的心痛
我知道我只會繼續尋求祂的名

當我說：我是基督徒時
我並不是在評價誰
因為我沒有那樣的權柄
我只知道：我是被愛著的
我很想分享給你

感謝神賜下他的話語～聖經

使我們勝過仇敵一切的詭計與欺騙

因神是我的避難所、盾牌、高台與得勝的旌旗
神使我們的家中常有平安、雲彩圍繞、喜樂滿溢
神的恩寵使我們的道路亨通

神的恩典，讓我們經歷在不可能中的得勝
生命的翻轉和靈命的突破……

我只想立志一生都在神恩典話語中長進…
一生跟隨主

願神憐憫我們、更多渴慕生命的糧食

你的言語在我上膛何等甘美
在我口中比蜜更甜
我藉著祢的訓詞得以明白
你的話是我腳前的燈、是我路上的光
(詩119:103-105)
So do not give up your hope
which will be greatly rewarded.

所以，你們不可丟棄勇敢的心

存這樣的心必得大賞賜。(希伯來書10:35)

最後，為我們，一起禱告吧

親愛的天父感謝讚美祢
謝謝祢賜給我新的一天
也求祢賜給我剛強勇敢的心
能去面對一切的困難和挑戰
無論環境如何?我要緊緊的跟隨祢
因祢的應許說：你們不可丟棄勇敢的心
存這樣的心，必得大賞賜

我要勇敢的去面對自己的恐懼
我要起來與惡魔，惡習的爭戰
我拒絕再接受仇敵的欺騙和謊言
今天我要靠主，重新得力
我宣告我靠著那加給我力量的凡事都能做

奉主耶穌名禱告 阿們！

求更剛強勇敢
每天早晨花一分鐘為自己禱告，讓神的得勝充滿一整天

全球華語講師聯盟

北京・上海・廣州・深圳
台北・杭州・南寧・西安
香港・吉隆坡・新加坡

別人有方法，我們更有魔法！
別人只談如果，我們更有結果！
別人有大樓，我們有更多的大師！

台灣最大、最專業的**開放式**培訓機構

1 魔法講盟 結合 Blair Singer、Brian Tracy、王擎天、黃禎祥……等 Yesooyes 成資系統與杜拉克學院大師群，直接給您學校不教的知識、人脈、舞台、背景、啟心……等關鍵資源，以平台方式運作，參與者都可再行激發潛能以獲得重生！峨嵋絕頂，盍興乎來！

Platform

● 2018 年 ▶ 成資、王道、八大、杜拉克……等十數個知名培訓機構合作成立 魔法講盟：提供各種大、中、小型舞台，舉辦各類有品牌認證之優質課程。所有課程除帶給學員們高 CP 值的學習體驗外，特別強調實效與課後追蹤，以保證有結果為志業而迅速崛起！

2 原來我們每個人都被木桶原理所束縛：你的短板限制了你的發展！魔法講盟 不僅可增強增高您的短板，還可協助您將長板發揮到極致。透過 BNI 式的人脈協作，將過往物以類聚的商業模式切換到人以群分的未來式 BM，果然君子和而不同！

● 速度 velocity 是由速率 speed 和方向 direction 所構成，缺一不可，所謂轄轍須一致是也！ 魔法講盟 在助您提速之餘，更為您指引出明確的方向：以曼陀羅思考模式為導向，落實知識管理系統，讓您以最具競爭力的方式將知識變現並實踐夢想！

Grow

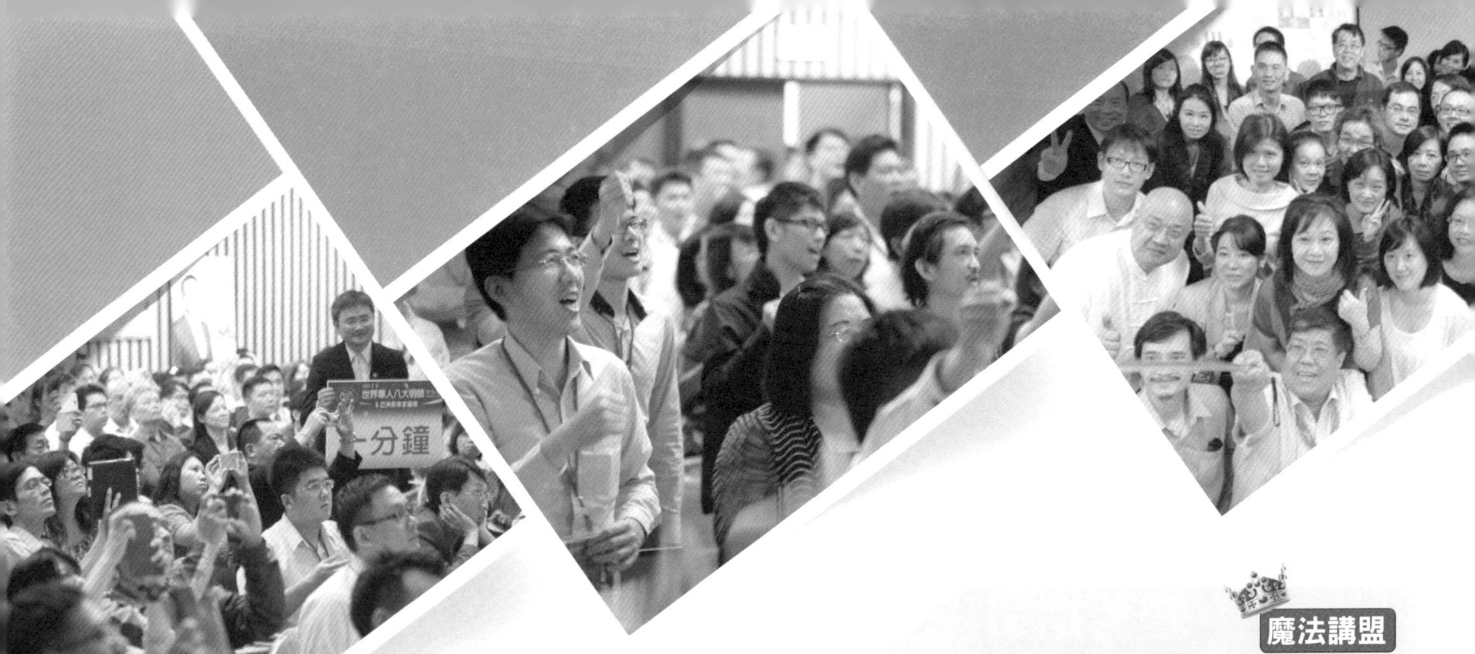

Magic Lecturer

魔法講盟

全球華語魔法講盟有限公司
全球總部：Taiwan 新北市中和區中山路二段
366 巷 10 號 3 樓
聯絡我們：02-2248-7896
mail：magic@book4u.com.tw

3 **魔法講盟** 是一極重視協作的合夥人組織，透過線上線下 O2O 系統建立全球華語培訓體系，具高度信度與效度，由系統建構合理的運轉規則，與大師結盟的結果導向也就自然地水到渠成了！

魔法講盟 以跨媒體的方式打造您成為專家與網紅 ▶ 結業學員皆可成為擁有話語權的 somebody。授證講師保證有全球舞台空間可揮灑！所有學子結業後即可於兩岸就業或創業賺大錢！

Expert

4 Now ▶ 一維世界正在被推倒重建，二維世界也已被畫分完畢（由 BAT 等掌控），**魔法講盟** 建構的是知識型的三維世界！在智能領域裡，有智慧者總能後發先至，以優勢高維挑戰低維！

Do ▶ 參與 **魔法講盟** 國寶級大師的培訓是令人興奮的！你將站上巨人之肩，感受到自己變得更強大！但也同時要準備承擔更大的責任與目標！且讓我們借力互助，共創雙贏，跨界共好，用有效的 BM 快速達到 B 與 I 的象限與境界！

E	B
S	I

Gung ho!

2018 亞洲八大名師會台北

保證創業成功 · 智造未來！

王擎天博士主持的亞洲八大名師大會，廣邀夢幻及魔法級大師傾囊相授，助您擺脫代工的微利宿命，在「難銷時代」創造新的商業模式。高 CP 值的創業創富機密、世界級的講師陣容指導業務必勝術，讓你站在巨人肩上借力致富。

趨勢指引 ✕ **創業巧門** ✕ **商業獲利模式**

誠摯邀想創業、廣結人脈、接觸潛在客戶、發展事業的您，親臨此盛會，一起交流、分享，創造絕對的財務自由！

借勢轉型 · 借智升級 · 借力抱團！

Idea ➤ **Leverage** ➤ **Teamwork** ➤ **Experience** ➤ **Sharing**

　　跨界思考、平台思維、創新思想、互動思維、原點心態、系統複製、關鍵資源能力、卡位與定位、……所有知識與架構我們已為您備妥！名師指引，手把手帶你創造奇蹟，挺你走上創富之路！

時間 ➤ 2018 年 **6/23、6/24** 每日上午 9:00 至下午 6:00

地點 ➤ 台北矽谷國際會議中心（新北市新店區北新路三段 223 號 🚇 大坪林站）

活動詳情 · 報名 · 查詢

2019、2020 ……詳情 ➤ 請上新絲路官網 www.silkbook.com

 全球 **華語講師聯盟** Magic　　新·絲·路·網·路·書·店 silkbook○com

華人世界最頂尖的創富系統！
Start your own business 開創你的事業

Biz & You 國際認證課程，以知識領航世界，以行動傳承教育訓練，以創新和創業為動力，推動華人經濟，讓更多的人生命翻轉！

Aaron Biz & You
ABU

ABU 創業成功學 ▶ Biz & You 初階 2 日班
這堂課是所有課程的基礎，明白什麼是有效的商業模式，進而成功創業獲利。　　　　　　　　　　　學費：39,800 元　優惠價：16,800 元

Brian Biz & You
BBU

BBU 創新創業領導魔法 ▶ Biz & You 中階 3 日班
協助您掌握趨勢與策略，將市場機會轉化為商業利潤，拓展事業，持續創富！保證有效！　　　　學費：69,800 元　優惠價：19,800 元

Peak happiness leader training camp
HLT

HLT 高峰幸福領袖培訓營 ▶ Biz & You 高階 7 日班
迅速吸收第一手世界最新的創富策略，快速倍增利潤、超越競爭對手，晉級超級富豪！　　　　學費：129,800 元　優惠價：99,800 元

World Wide Dream Builders
642 WWDB

642WWDB ▶ 贏在複製系統 2 日班
傳直銷收入最高的高手們都在使用的系統，結訓後可成為 642WWDB 講師→至兩岸各城市授課。　　學費：39,800 元　優惠價：16,800 元

Master the trend of key marketing
MTM

MTM 掌握趨勢‧關鍵行銷 2 日完整班
未來十年的趨勢是？本課程將培訓你具備看穿趨勢的銳利眼光，擁有世界大師的眼光跟判斷力。　　學費：39,800 元　優惠價：19,800 元

The seven laws of wealth
7WL

7WL 財富七大定律 ▶ 3 小時高效精華班
培養正確價值觀，透過練習與行動讓金錢為你工作，好運與財富開始自動來找你！　　　　　　　　學費：9,800 元　優惠價：1,200 元

International Leader Trainer Training Camp
ILTT

ILTT 訓授師培訓營 7 日完整班
如何經營培訓公司？教育培訓模式大解密！不論您是想成為講師或已是講師都需要接受專業訓練，完整系統化課程與實務演練，將協助您成為國際級認證講師至各地接課。　　　學費：129,800 元　優惠價：98,000 元

一個人的力量實在太小，這個世紀是屬於「強強合作」的世界，
唯有第一名與第一名合作，才可以發生更大的影響力。
如果您擁有世界第一‧華人第一‧亞洲第一‧台灣第一的課程歡迎您與行銷第一的我們合作。

以上課程詳情‧報名‧開課日期 ➔ 請上 魔法講盟 https://www.silkbook.com/magic/

借力使力最佳導師—— 王擎天大師！

王擎天博士為兩岸知名的教育培訓大師，其所開辦的課程都是叫好又叫座！有本事將自己的 Know how、Know what 與 Know why 整合成一套大部分的人可以聽得懂並具實務上可操作性極強的創富系統，是值得您一生跟隨的最佳導師與最給力的貴人！

2018 7/28～7/29

玩轉眾籌二日精華實作班

兩岸眾籌大師王擎天博士開的眾籌課已逾 135 期，中國場次場場爆滿，一位難求。大師親自輔導，教您透過「眾籌」輕鬆玩轉企畫與融資，保證上架成功並建構創業 BM！

★★★★★課程學費：29,800 元

史上最強寫書 & 出版實務班

全國最強 4 天培訓班‧保證出書，已成功開辦逾 66 期，是你成為專家的最快捷徑！由出版界傳奇締造者、超級暢銷書作家王擎天及多位知名出版社社長聯合主持，**4 大主題 ▶ 企劃 × 寫作 × 出版 × 行銷一次搞定！** 讓您成為暢銷書作者!!

★★★★★課程學費：39,800 元

2018 8/11、12 10/20 11/24

2018 9/8、9 9/15、16

公眾演說 & 世界級講師培訓班

王擎天博士是北大 TTT（Training the Trainers to Train）的首席認證講師，課程理論與實戰並重，把您當成世界級講師來培訓，讓您完全脫胎換骨成為一名超級演說家，站上亞洲級、世界級的舞台！

理論知識＋實戰教學＋個別指導諮詢＋終身免費複訓

★★★★★課程學費：49,800 元

市場ing的秘密＋接建初追轉

地表最強、史上最強的行銷‧銷售‧成交課程：上完課，你將成為世界上最強的銷售大師！名師親自指導，保證收入以十倍速提升！想接受魔法般的改變與升級嗎？

終身免費複訓‧保證有奇效！

★★★★★課程學費：129,800 元

2018 10/21 10/27、28 11/3、4

王博士另有 易經班（3 年一期，Next 2020 年開課）、**幸福人生終極之秘**（4 年一期，Next 2021 年開課）、**人生最高境界**（5 年一期，Next 2022 年開課）之經典課程，敬請密切鎖定官網訊息。

★★★ 超 值 ！ 超 值 ！ 再 超 值 ！ 保 證 有 結 果 的 培 訓 課 程 ！ ★★★

★ 加入王道增智會成為擎天弟子者，本頁課程均終身全程免費！★

報名及查詢 2019、2020 年開課日期
請上新絲路官網 www.silkbook.com

"首富為什麼不是你？"

極機密!! 教你如何成為鉅富的擎天商學院秘密系列課程

EDBA 擎天商學院係由世界華人八大明師王擎天博士領軍，開設了完整的 40 堂 M3 淘金財富課程，總價值高達百萬以上！只限王道弟子能免費參與學習！對創業者與經營事業者有如醍醐灌頂，有效站上巨人之肩，可極大化地幫助事業與人生之成長！

這 40 堂課程內容豐富精彩且實用，每年將以更為精進的內容，與時俱進 Update，您可不斷複訓全球最新的知識，認識各行業熱愛學習且有實力的同學們，跟上趨勢的腳步，真正逆轉您的人生！

完整課訓後，將頒發擎天商學院結訓證書 ← → 憑證書免費複訓、終身輔導！

S1 成功創業的秘密	S15 催眠式銷售	S29 世界級講師秘訓
S2 借力與整合的秘密	S16 網銷的秘密	S30 塔木德的秘密
S3 成交的秘密	S17 F 的秘密	S31 首富的秘密
S4 B 的秘密	S18 P 的秘密	S32 偷學的秘密
S5 創富系統	S19 內容與素材的秘密	S33 速度的秘密
S6 N 的秘密	S20 如何打造千萬營收？	S34 即戰力的秘密
S7 價值的秘密	S21 M 的秘密	S35 爆款的秘密
S8 T 的秘密	S22 NBM 的秘密	S36 財務自由的秘密
S9 絕秘 UCC&R 的秘密	S23 From Zero to Hero	S37 幸福人生終極之密
S10 盈利模式解密	S24 演說的秘密	S38 人生最高境界
S11 成功三翼	S25 出書的秘密	S39 市場 ing 的秘密
S12 破壞式創新的秘密	S26 易經的秘密	S40 孫子兵法的秘密
S13 眾籌的秘密	S27 三桶金的秘密	
S14 超業養成心法	S28 文案的秘密	

超值好康・CP值爆表！

加入王道增智會成為擎天弟子者，40 堂課均終身全程免費！

立刻報名王道增智會，帶給你價值千萬的黃金人脈圈，共享跨界智慧！

➔ 終身會員定價：NT$**300,000** 元
（入會費 $50,000 元 + 終身年費 $250,000 元）

➔ 2018年優惠價 NT$**98,000** 元
2019年優惠價 NT$：120,000 元
2020年優惠價 NT$：150,000 元

報名專線：（02）8245-8318
mail：15141312@book4u.com.tw

 新・絲・路・網・路・書・店 silkbook○com

 王道增智會

史上最無腦操作策略

○ 你也想每個月創造被動收入?

○ 你也想知道主力操作方式?

○ 想了解如何在市場穩健獲利?

○ 那一定不可以錯過『比例式價差』

策略特色

① 不用判斷行情

② 不須用盯盤交易

③ 讓時間為我們打工

如果你覺得以上策略特色適合您

★ 歡迎加 陳韋霖　LINE ID: kkk700723

讓您的身體完全支撐、放鬆好入眠

健康養生
的小幫手 鍺
睡眠養生新概念

神奇鍺元素 健康零失誤

1886年德國學者Winkler博士，首先由銀礦石中成功分離出鍺元素，於是以其祖國—德國（German）之名，將鍺命名為Germanium。

鍺元素的特性

鍺是一種半導體元素，不含毒性，它的特性是僅在常溫 32℃ 即可釋放出負離子，因為鍺最外側的軌道有4個電子不規則運動， 32℃以上的溫度，就會刺激4個電子的其中1個負電子脫離軌道。鍺會因溫度（熱）、光、電磁波等的強弱而使得負自由離子經常產生變化而釋出，而我們的身體也能夠習慣於它的變化。

鍺元素的功能

1、激發生物大分子的活性。
2、促進和改善血液迴圈、微循環。
3、促進、增強新陳代謝。
4、能提高人體免疫功能。
5、具有調節血液的酸鹼平衡。
6、補充人體元氣，迅速消除疲勞。
7、具有除濕透氣、乾爽之功能。

GERMANIUM SERIAL

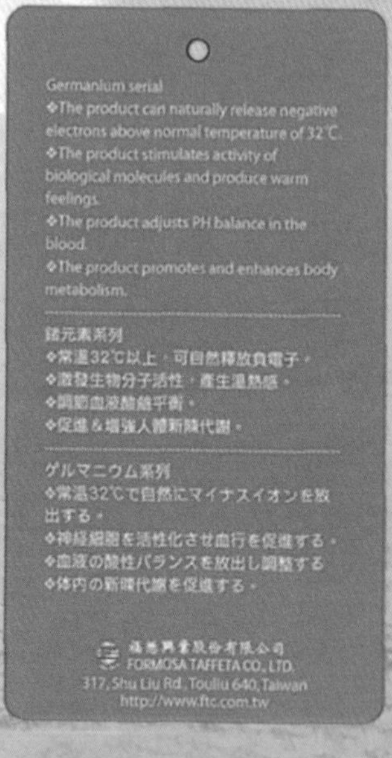

勝南

空間設計
裝修工程

一處居所，亦是一種生活方式

家就該體現您獨特的生活~

我們深知您築巢有夢的深切感 ，秉持專業熱忱與豐富實作經驗

量身訂做您所有的夢想藍圖， 實現創造您獨有的幸福居所~

Sheng Nan
Space Design

| 專業諮詢 |

新成屋設計 / 老屋翻新 / 實品屋 / 樣品屋 / 預售屋 / 建設 / 代銷 / 房仲 / 合作

國家圖書館出版品預行編目資料

博恩‧崔西教你一年打造萬人團隊的秘密 / 黃禎
祥 著.. -- 初版. -- 新北市：創見文化出版, 采舍國
際有限公司發行, 2018.03 面 ; 公分--

ISBN 978-986-271-807-0（平裝）

1.銷售　　2.職場成功法

496.5　　　　　　　　　　　　106024074

博恩‧崔西教你一年打造萬人團隊的秘密

 創見文化‧智慧的銳眼

本書採減碳印製流程
並使用優質中性紙
（Acid & Alkali Free）
通過綠色印刷認證，
最符環保要求。

作者／黃禎祥

出版者／創見文化‧ 魔法講盟

總顧問／王擎天

總編輯／歐綾纖

主編／蔡靜怡

美術設計／Mary

郵撥帳號／50017206 采舍國際有限公司（郵撥購買，請另付一成郵資）

台灣出版中心／新北市中和區中山路 2 段 366 巷 10 號 10 樓

電話／（02）2248-7896　　　　　　傳真／（02）2248-7758

ISBN ／ 978-986-271-807-0

出版日期／ 2018 年 3 月

全球華文市場總代理／采舍國際有限公司

地址／新北市中和區中山路 2 段 366 巷 10 號 3 樓

電話／（02）8245-8786　　　　　　傳真／（02）8245-8718

COUPON 優惠券 免費大方送

國際品牌認證
成功三翼高端課程 5/19 2018
六 下午1:30起

同場加映 成為紅牌講師的真相

地點 新店台北矽谷
國際會議中心
大坪林站

您知道孔子最偉大的事是為易經作了《十翼》嗎？當代王擎天大師則獨創了「成功三翼」——思考力·溝通力·執行力，助您贏得成功先機！

兩大名師  王擎天 主講 威廉 主講

票價 ~~$19800~~→ 憑本票免費入場！ www.silkbook.com

市場ING的秘密 2018 10/21
+接建初追轉 13:30~21:00 日

地表最強 X 史上最強

現代風清揚 王擎天 主講 師徒聯手 當代令狐沖 吳宥忠 主講

傳授打造爆款商品與服務的絕學，保證十倍數！

課程原價$99800
憑本票只售**$800**（贈書二冊並供精緻晚餐）

地點：新店台北矽谷國際會議中心 大坪林站 電話：(02)8245-8318
新·絲·路·網·路·書·店 silkbook●com

聚焦 Value Up 2019 1/12 六
13:30~21:00

開創無限商機！

做生意、一切財富的基礎是什麼？
成交或無法成交的分界線為何？
窮人與富人的差距又在哪裡？

價值創造大師
王擎天 博士主講

地點：新店台北矽谷國際會議中心 大坪林站

課程原價 $~~19800~~ 元，憑本票券 免費入場

更多詳細資訊請上 silkbook●com www.silkbook.com
新·絲·路·網·路·書·店

超譯
孫子兵法 的秘密 2019 3/23
地表最強商戰課程 13:30~21:00 六

教會你必勝商業 BM 模式、策略思維

不戰，就能屈人之兵！百戰百勝其實是誤區！
如果你企圖成為領導者與行業首富，那你一定要來。

主講 王擎天 博士

地點：新店台北矽谷國際會議中心 大坪林站

課程原價 $~~19800~~ 元，憑本票券 免費入場

更多詳細資訊請上 silkbook●com www.silkbook.com
新·絲·路·網·路·書·店

2018亞洲八大名師會台北

The Asia's Eight Super Mentors

入場票券 ■6/23 ■6/24

（憑本券 6/23、6/24 兩日課程皆可免費入場）
推廣特價：**19800** 元 原價：49800 元

❶憑本票券可直接免費入座 6/23、6/24 兩日核心課程一般席，或**加價千元入座 VIP 席**，並獲贈貴賓級萬元贈品！

❷若 2018 年因故未使用本票券，則可於 2019、2020 年任選一年使用。

CP 值最高的創業創富機密、世界級的講師陣容指導業務必勝術，讓你站在巨人肩上借力致富，保證獲得絕對的財務自由！

更多詳細資訊請洽 ☎ **(02) 8245-8318**

或上新絲路網路書店 silkbook●com www.silkbook.com 查詢！

時間：2018 年 6/23、6/24 上午 9:00 至下午 6:00

地點：台北矽谷國際會議中心（新北市新店區北新路三段 223 號） 捷運大坪林站

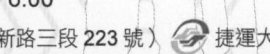 
全球華語講師聯盟 采舍國際 www.silkbook.com

采舍國際 集團國際